U0383390

全国高校建筑学专业应用型课程规划推荐教材

建筑师职业教育

Architects' Professional Education

张宏然　主编

Zhang Hongran　ed.

王又佳　宋效巍　参编

Wang Youjia　Song Xiaowei　ed.

刘茂华　主审

Liu Maohua　ex.

中国建筑工业出版社

图书在版编目（CIP）数据

建筑师职业教育/张宏然主编. —北京：中国建筑工业
出版社，2008（2023.12重印）
全国高校建筑学专业应用型课程规划推荐教材
ISBN 978 – 7 – 112 – 10048 – 4

Ⅰ. 建…　Ⅱ. 张…　Ⅲ. 建筑学 – 高等学校 – 教材
Ⅳ. TU

中国版本图书馆 CIP 数据核字（2008）第 055408 号

责任编辑：王　跃　陈　桦　吕小勇
责任设计：郑秋菊
责任校对：关　健　兰曼利

全国高校建筑学专业应用型课程规划推荐教材
建筑师职业教育
Architects' Professional Education
张宏然　主编
Zhang Hongran　ed.
王又佳　宋效巍　参编
Wang Youjia　Song Xiaowei　ed.
刘茂华　主审
Liu Maohua　ex.
＊
中国建筑工业出版社出版、发行(北京西郊百万庄)
各地新华书店、建筑书店经销
北京嘉泰利德公司制版
建工社（河北）印刷有限公司印刷
＊
开本：787×1092 毫米　1/16　印张：15¼　字数：344 千字
2008 年 6 月第一版　2023 年 12 月第十三次印刷
定价：25.00 元
ISBN 978 – 7 – 112 – 10048 – 4
　　　（16851）

— 本系列教材编委会 —

编委会主任： 沈元勤　何任飞

委　　员： (按姓氏笔画排序)

王　跃　戎　安　沈元勤　何任飞

李延龄　李孝宋　张宏然　吴　璟

陈　桦　陈新生　孟聪龄　胡振宇

洪惠群　高　健　袁逸倩

Publishing Directions

进入 21 世纪，随着城市化进程的加快，建筑领域的科技进步，市场竞争日趋激烈，设计实践积极探索，建筑教育和研究显得相对滞后。师徒传承已随着学校一再扩招成为历史，建筑设计教学也不仅仅是功能平面的程式化设计，外观形象的讨论和传授。如何拓宽学生的知识领域，培养学生的创造精神，提高学生的实践能力？建筑院校也需要从人才市场的实际需要出发，以素质为基础，以能力为本位，以实践为导向，培养建设行业迫切需要的专门人才。

2006 年初，中国建筑工业出版社组织北京建筑工程学院、南京工业大学、合肥工业大学、广州大学、长安大学、浙江工业大学、三江学院等院校的教师召开了全国高校建筑学专业应用型课程规划推荐教材编写讨论会。建设部人事教育司何任飞副处长到会并发表重要讲话。会议中各位代表充分交流了各校关于建筑学专业应用型人才培养的教学经验，大家一致认为应用型人才培养是社会发展的现实需要，以应用型人才培养为主的院校应在建筑学专业教学大纲的指导下体现自己的特色和方向。会议在深入探讨和交流的基础上，确定了全国高校建筑学专业应用型课程规划推荐教材第一批建设书目。

本套教材的出版是为了满足建设人才培养的需要，满足社会和教学的需要，选择当前建筑学专业教学中有特色的、有成熟教学基础的课程，与现有的建筑学教材形成互补。陆续出版的教材有《建筑表现》、《建筑模型》、《建筑应用英文》、《建筑设计基础教程》、《建筑制图》、《建筑施工图设计》、《建筑设计规范应用》、《调查研究科学方法》、《建筑师职业教育》，作者是来自各个学校具有丰富教学经验的专家和骨干教师，教材编写实目、严谨、科学、追求高质量。希望各个学校在教学实践中给我们提出宝贵意见，不断完善，使本系列教材更加符合教学改革和发展的实际，更加适应社会对高等专门人才的需要。

Foreword

— 前 言 —

我国现行的建筑学专业教学侧重于方案设计能力的培养和专业基础知识的掌握，而在职业教育方面相对薄弱，因而建筑学专业毕业生和职业建筑师之间的距离较大。由于毕业生缺乏必要的工程背景知识，对职业角色的理解也不够全面，所以很多刚刚走上工作岗位的毕业生遇到了不少困惑，难以迅速融入建筑师的职业环境，这也给用人单位增加了一定负担。

有鉴于此，我们编写了这本《建筑师职业教育》，以期缩短高校建筑学专业人才培养和建筑市场对职业建筑师的要求这两者之间所存在的距离，帮助建筑学专业毕业生迅速完成从学生到职业建筑师的角色转换，早日适应实际工作需要。

本书共分六章。第1章"建筑师"介绍了建筑师的职业要求、权利责任和注册建筑师制度；第2章"建筑设计机构"介绍了当前建筑市场中各种类型的设计机构及其运作机制，旨在全面勾勒出建筑师的执业状况和工作环境；第3章"建设项目及管理制度"介绍了工程建设项目和市场管理制度；第4章"基本建设程序"在系统介绍建设工程各阶段工作重点内容的同时，进一步明确了建筑师的工作职责，目的是结合系统的工程背景知识，帮助学生全面理解建筑师的职业角色与责任；第5章、第6章分别介绍了建设法规与技术标准，以及常用建筑工程设计资料，以帮助初次接触工程设计的毕业生在做工程设计时少走弯路；第7章为招标投标文件示例。此外，设计合同书、项目建议书、可行性研究报告等也都附有示例文本，可作为编写基本设计管理文件的参考。

本书可以作为建筑学（或相近）专业高年级职业教育环节的辅导教材，也可以作为工作单位培训见习建筑师的参考资料。

本书在编写过程中参考了很多专家、学者的著作及研究成果，在此表示衷心感谢。同时，感谢北京中色北方建筑设计院许仁院长对本书的大力支持，感谢北方工业大学汪玮同学为本书所做的工作。

由于编者水平有限，书中难免有不当之处，敬请读者批评指正。

本书编写分工如下：

第1章、第2章，由王又佳编写；第3章、第4章、第6章、第7章，由张宏然编写，其中第4章"附录1"由宋效巍收集整理；第5章，由刘茂华编写。

编者

2008 年 4 月

— 目录 — Contents —

Chapter1 Architect

第 1 章　建筑师

第1章 建筑师

本章概括性地介绍了建筑师的职能以及包括中国在内的建筑师管理制度。通过本章的学习可以对建筑师执业的起源、建筑师的职能范围与能力要求、建筑师的道德与责权利，以及美国、日本、英国与中国的建筑师管理制度有一个初步的认识与总体的了解。

在我们生活的人造物质空间中，恰当的街道、建筑、绿地、城市设施包围着大家，使人们各种生理与心理的需求得以满足，人类的生活环境才会是美好的、宜居的。而这些物质空间的规划和设计正是建筑师的职责与任务。

1.1 建筑师的职能简介

建筑师的英文是 architect，它是一种职业。建筑师工作的对象是建筑、城市以及相关的人工环境，因此可以说其职责即是要设计与规划人类物质世界的秩序。建筑师通常要通过与工程投资方（即通常所说的甲方）和施工方的合作，在技术、经济、功能和艺术方面实现建筑物营造的最大合理性。

建筑师究竟是艺术家还是工程师，是一个建筑界内争论不休的问题。但毋庸置疑的是，建筑师既要满足人们在视觉与心理上对美的追求，还要在技术与经济层面上将其付诸实现。建筑师的作品首先需要工程师从力学角度进行计算，然后再选取合适的工程材料才能够实现。如果建筑师的设计超出现有材料能力的限制，则无法实现为真实的建筑。同时建筑师的设计也必须获得投资方的赞成，才能付诸实施。历史上有许多非常有特色的设计，正是因为不能完全满足上述两个条件而没有能成为真正的建筑。而在当代日趋复杂的建筑营造领域，建筑师越来越多地扮演着一种在建筑投资方和施工方（如建筑设备、结构设计等）之间的沟通角色。建筑师通常为建筑投资者所雇佣，并对整个建筑工程进行规划设计与协调。可以说，建筑师既是人造环境的设计者，也是建造过程中的协调者。

1.1.1 建筑师的职业起源

建筑设计源于人类最初的遮风避雨的愿望，是在人们的建造活动中产生的。我们的祖先利用原始的工具与天然的材料建造房屋，这即是一种最初的、现场的设计活动。而随着人类使用工具、创造人工环境的能力越来越强，人的社会性也变得越来越强，人对建筑的要求日趋多样化，建筑设计逐渐成为一个独立的职业。

虽然人们的建造活动由来已久，但职业建筑师的诞生却并不太久。而在此之前，这一职业追溯其源头，则在不同的时代有着不同的职责与意义。

在古代埃及，神殿的设计者与工匠的管理者是一种神职官员。而职业性的建筑师则首先诞生于欧洲。在古希腊、古罗马时期就有"建筑师"这一职业。古希腊的建筑师是一种科学技术专家，其工作范围比今天意义上的"建筑"要宽泛许多，包含城市建设、公共建筑、军事技术、时间和天象观测技术、机械等诸多方面。而古罗马建筑师的业务范围也很类似，"其主要内容是三项：建造房屋；制作日晷；制造机械。公共建筑物的功能分类有三种：第一用于军事防御；第二用于宗教活动；第三则是用于日常工作与生活。"① 在古罗马建筑师是一种伟大的职业，但这种职业并不是现代意义上的建筑师。

在中世纪之初，作为独立职业的建筑师同样也是不存在的，修道院、大教堂以及城堡和军事设施是由建造工匠的代表和总负责人，即"大匠"、"匠师"来负责设计、建造的。在古埃及、古希腊和古罗马时期，官方、贵族、神职人员所特殊享有的建筑被众多平民建筑所取代，建筑设计与组织人员也恢复了原始的工匠身份。到了中世纪后期，随着建筑技术的日益进步，设计也越来越复杂，较为专业化的建筑师开始出现。当时的建筑师都要先经过七年的石匠、泥瓦匠训练，并且熟练掌握几何和绘图；然后，作为一位建筑师的助理工作两至三年。只有具有了这样的技能和经验才能当上统领其他各种手工艺人的负责人。这种匠人意义上的建筑师依据经验，通过梁、柱、墙等部件的数学比例关系来保证建筑的坚牢度。当时的几何学知识和绘图技术已经较为完善，但是规范的建筑平面图、立面图、剖面图的画法还没有出现，因此建筑的设计过程只能在施工中不断摸索、逐步确定下来。而且当时也没有总承包商，建筑师，也就是主要的工匠还要承担现代意义上的总承包的任务。他们要去买材料、雇工人，还要监督施工过程。中世纪末，大约在公元 1400 年左右，欧洲的建筑技术已经超越了古罗马时期，砖石构造空前发展。建筑行业也已经形成规模，出现了大量独立的手工业行会和地方组织。而建筑师的职能范围、执业活动的相关规范仍然是模糊的。

文艺复兴时期，建筑师又重新从匠师中分离出来成为独立的群体，这时，艺术家身份的建筑师开始出现。以达·芬奇、米开朗琪罗等为代表的建筑师区别于工匠，他们并没有经过石匠或泥瓦匠的训练，但却精通几何和绘画。他们以其敏锐的观察和领悟力，将艺术与技术完美地结合在一起，体现了那个时代的世界认知范式——人类和自然世界是真、善、美的和谐统一，和谐即是美，真理必然和谐。从此，建筑设计这一职业不再仅仅是技术与经济的解决过程，而是融入了大量的审美内容；建筑也不再仅仅强调满足人们的生理需求，而是发展出一整套形式美的理论，成为与绘画、雕塑并列的三大艺术门类。文艺复兴时期的巨匠们还

---

① 维特鲁威. 建筑十书. 高覆泰译. 北京：知识产权出版社，2001：16.

将建筑的图纸规范化了，但建筑的细部做法仍然是在建造过程中决定的。艺术家们的参与在很大程度上丰富了建筑师的职业内涵，但职业的建筑师还没有出现，建筑师职业的统一标准和要求也还没有形成。

而到了18世纪末，工业革命之后，城市规模急剧膨胀，新的建筑材料与施工技术不断出现，人们对建筑功能的要求也日益增多，建筑设计不再仅仅是以少数特权阶层作为服务的对象，而是广泛地普及到了城市中的各种建筑。因此建立一个共同的职业标准和规范，将建筑施工者和投资者区别开来也成为了一种刻不容缓的要求与趋势。1791年，第一个建筑师俱乐部在英国成立。1799年，德国建筑师在柏林成立俱乐部。英国皇家建筑师学会（RIBA）的前身英国建筑师学会（IBA）在1834年成立，它在设立阶段就把会员建筑师的"能力"和"诚信"保证作为学会的准则。1840年，法国成立法兰西建筑师学会。1857年，美国建筑师学会（AIA）成立。19世纪，制订建筑师职业标准和维护建筑师利益的各国建筑师协会的成立标志着现代职业建筑师正式出现。如果说艺术家建筑师是源于文艺复兴时期的话，那么职业建筑师则是现代工业社会、工业、商品发展的结果。而建筑师的资格认证制度则成为建筑市场规范化、建筑师能力与诚信确认必不可少的环节。

1900年在巴黎召开的国际建筑师会议（International Congress of Architects）就是以职业化注册资格的社会承认和推广作为目标的，1911年的罗马大会通过了要求各国制定建筑师注册法规的决议。1927年英国建筑师注册法（建筑师资格、考试与注册、建筑教育等）获得通过，1938年修改完成。1897年美国的伊利诺伊州率先通过了建筑师注册法，1951年全美各州的立法得以完成。随着整个世界经济的发展、全球化进程的加快，经过规范化、现代化的欧美职业建筑师制度也逐渐地为其他国家和地区所接受。时至今日，职业建筑师制度已经在全球范围内得到认可。

1.1.2 建筑师的职能范围及能力要求

国际建协（UIA）章程中在"宗旨和职能"一节里强调："国际建协要求其成员以最高的职业道德和规范赢得和保持公众对建筑师诚实和能力的信任；强调与质量、可持续性发展、文化和社会价值相关的建筑的作用和功能以及与公众的关系；通过重建遭到毁坏的城市和乡村，更有效地改善人类居住条件；更好地理解不同的人群和民族，为实现人类物质和精神的追求而继续奋斗；促进人类社会进步，维护和平，反对战争。"这即是对职业建筑师职能与能力的概括。

1）建筑师的职能范畴

建筑的生产活动发展到今天已经成为一项复杂的、体系化的活动（图1-1），它涉及诸多专业人员，也涉及上至社会的公共效益，下至个人的个体利益；它既

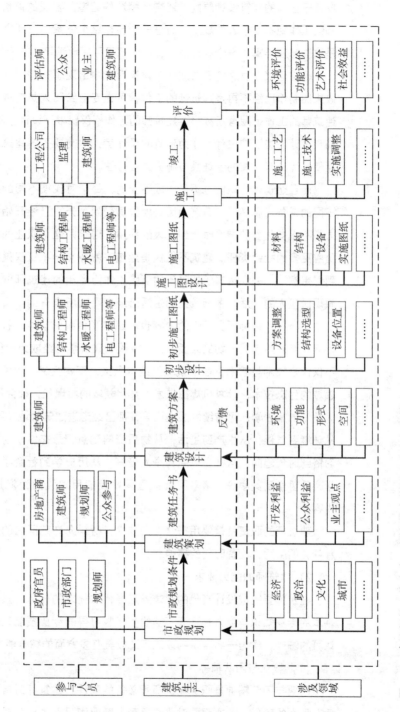

图1-1 建筑师的工作内容及其在整个建筑生产中的位置

需要对国家、社会、城市有概括的理解与把握，需要尊重历史、文化和环境，需要遵守基本的建筑设计原则，还需要精准的建造、客观的评价等等。然而，建筑师的工作绝不是个人的表演，而是一个要在整个体系中不断交换想法的过程，正是这些想法丰富了整个设计过程，使建筑尽可能地满足各方面的要求与利益。

随着建筑业发展的日益成熟，建筑设计中出现了一些以往所没有的环节，如效果图制作已经不再是建筑师的工作，可由专业绘图人员完成。但这并不意味着建筑师的工作范围有所减小，建筑师的工作不仅仅限于设计，不仅仅是方案设计、初步设计与施工图设计。作为建筑的设计者，他需要了解建筑的各个生产环节才能使设计具有存在的合理性与施工的可行性。

而且建筑师的职能也不是一成不变的，每个时代按不同的要求对建筑师提出不同的任务已属必然。建筑师历史地位演变到今天，已经开始要求建筑师在满足人们不断变化着的需要时起到更大的作用。建筑师这个职业的特征使得建筑师担负着更多的社会责任。建筑不仅仅是建造，就像文学不仅仅是报道，建筑要延伸到思想领域，去表达其所处时代的面貌，作为当代的建筑师就要使自己的作品反映现时代人的生活。今天我们的生活已经变得前所未有的丰富，文化的周期也在加快，所以建筑师所要关心的内容也就超出了传统的功能、技术、材料、美学等因素，而开始借鉴一切的人类知识。今天的建筑学已经成为一种多元开放的体系，不仅仅是技术与艺术，哲学领域的结构主义、解构主义、现象学、符号学，科技领域的生态技术、计算机虚拟技术，文化领域的后现代，社会科学领域的社会学、人类学、策划学、可持续发展理论等，都已经走进建筑领域。所以今天学习建筑，从环境到气候，从生产到生活，从物质资料到意识形态，从功能到技术，从传统习俗到时代趋向，从社会风尚到个人爱好，从历史学到社会学，从行为学到心理学，从哲学到美学等，诸多因素都是需要我们用建筑的语汇加以表达与阐述的内容。

建筑师的职责就是要用符合当代技术、材料允许范围内的建筑语汇恰当地阐释社会的生活，诠释时代的精神。

2）建筑师的能力要求

建筑师要完成设计当代的建筑满足当代人需求的任务，只具备职业建筑师的基本的专业知识与能力是远远不够的。那些习得的专业技能只是建筑师被社会所认可的基础，作为一名合格的建筑师还应具有多方面的综合能力：

（1）敬业与团队精神

敬业与团队精神是职业建筑师所必备的条件。建筑师对自己的每一个项目都负有重大的责任。一方面要对业主负责，既要满足业主对建筑的物质要求，完善地实现各项功能，也要满足业主对建筑的精神要求，协助业主用建筑的语汇表达企业形象，传达生活情趣。从另一个角度来说，任何建筑都会对整个城市、对人们的生活环境带来影响。任何建筑都不仅仅是个人的建筑，更应是社会的建筑。

充分尊重规划，认真分析项目所处的地域环境，了解地方文化，使建成的作品与环境、与城市，与区域的、社会的文化相协调，这是对社会负有责任感的敬业态度，也是职业建筑师所应有的素质。

建筑从设计到施工各个步骤都有着严格的分工，涉及诸多不同专业人员的合作。而且即便是建筑设计本身，除去少数的小型项目外，都不是一个建筑师所能够独自完成的。可见整个建筑生产的过程都是一个团队分工合作的过程。任何建筑作品的完成必须是一个团队或设计小组的共同努力，团队或小组间的互相协调对作品的成功至关重要。职业建筑师应该具有协调小组内不同专业人员的能力，还需要有在不同的设计过程中综合统筹与联系的能力，这决定着一个项目完成的效率和结果。

(2) 交流能力

各个职业都需要交流，而建筑师的职业需要团队配合，需要协调各方面的关系，因此交流能力在建筑师的职业生涯中显得尤为重要。建筑师良好的语言表达能力、思想交流能力既有助于理解业主意图，也使建筑师自身思想的实现成为可能。但建筑师又与其他职业不同，仅仅通过语言来表达交流是远远不够的，还需要徒手绘图、电脑绘图、模型等来表达设计意图。徒手绘图是建筑师必备的基本功。要快速概括地表达自己的设计意图，记录设计过程，面对面地和建设方交流，徒手绘图是必不可少的。电脑绘图可以精确地表现自己设计的建筑形象和空间氛围，缩短图纸和现实的距离，更加直观地和建设方交流自己的意图和观点。

(3) 组织协调能力

建筑设计是一个分工协作的复杂过程，历史上著名建筑的设计通常历时数十年甚至上百年。在建筑从策划、设计到施工、验收使用的漫长过程中，建筑师对外联系着审批者、投资者和建造者，对内协调着结构、水、暖、电各工种，起着核心和纽带的作用。建筑师要组织各类人员的协同工作，同时必须协调各方之间不可避免的矛盾，包括使用者追求高标准和投资方追求低造价之间的矛盾，高质量设计所需时间和甲方缩短设计周期要求之间的矛盾，建筑造型变化与结构简捷实用之间的矛盾等。总之，建筑设计过程就是化解矛盾的过程，建筑师必须具备分析问题、协调矛盾的能力。

(4) 不断学习专业技能的能力

当今科学技术日新月异，职业建筑师面对的是不断变化着的市场需求，新技术、新材料、新生活理念等的出现，要求职业建筑师必须不断地学习新知识，进行职业再教育，才能迎接新时代的挑战。

作为职业建筑师，足够的专业知识积累是必不可少的，这包括建筑技术方面的积累、建筑法规规范方面的积累、对国内外建筑作品的了解以及长期实践经验的积累。足够的长期积累才能使自己更加成熟，才能寻求到知识和创造力的平衡点。职业建筑师对于新型设计手法的掌握也是必需的。不断掌握和运用新的设计手段，不断学习、理解相关标准、规范等都要求建筑师具备很强的学习能力。

(5) 应对市场需求的能力

改革开放以来，建筑业的市场化日趋成熟与完善。市场与建筑密切相连是不容回避的话题。职业建筑师必须面对市场的需求。不能满足不断变化的市场需求，就要被淘汰，就不能成为一名合格的职业建筑师。在某种程度上说，市场的更新比知识的更新来得更快，不了解客户在想些什么，不了解客户在干什么，设计几乎就无从下手。正确地理解市场需求，向市场学习，也是职业建筑师执业的一个基本能力。但被动地迎合市场是消极的，建筑师需要了解市场，了解市场的运行模式，积极地适应市场规则，并站在专业的立场引导市场的走向。

(6) 控制建筑的价值取向

现阶段我国对建筑文化的普及程度不高，许多建筑商、建设单位等对建筑的认识缺乏深度和广度，不顾自身的条件和用地环境等，一味地追求"新"、"奇"、"特"。职业建筑师应利用自己的知识，客观地、理性地分析建筑的可行性，合理地引导方案的走势，这也是现阶段我国建筑师所应具备的素质。一个正确的价值取向给社会带来的不仅仅是土地和能源的节约，给社会节约资金，还能够创作出适合本地域的并提升本地区文化和环境品位的作品。这需要职业建筑师具有敏锐的判断力、成熟经验的积累以及一种对社会负责的态度。

总之，今天建筑师的责任已经远远超出设计本身。建筑师要很好地履行这些职责就要具备多方面的能力。

1.1.3　建筑师的职业道德及责权利

随着城市建设进程不断前行，面对城市中不断出现的各种各样甚至千奇百怪的建筑，职业建筑师该怎样来设计建筑？该如何尊重自己的职业，为城市设计合理与恰当的建筑？1998年国际建筑师协会职业实践委员会通过了《关于道德标准的推荐导则》，作为各会员的道德和行为约束。导则中提出了职业建筑师的标准：职业建筑师是为改善建筑环境、社会福利及文化，具有专门和独特技能，并恪守职业精神、品质和能力的群体；对本职业的延续和发展、对公众造福负有责任，对业主、用户和形成建造环境的建筑业负有责任，对建筑艺术和科学负有责任。

导则中对建筑师总的义务作了约定：

维持和提高自身的建筑艺术和科学知识，尊重建筑学的集体成就，并对职业判断不妥协。建筑师要提高职业知识和技能，并维持职业能力；要不断提高美学、教育、研究、培训和实践的标准；要推进相关行业，为建筑业的知识和技能作出贡献。

1）建筑师对公众的义务

遵守法律并全面地考虑职业活动对社会和环境的影响。建筑师要尊重、保护自然与文化遗产，努力改善环境与生活质量，注意保护建筑产品所有使用者的物质与文化权益；在职业活动中不能以欺骗或虚假的方式推销自己；营业范围不能扰乱他人；遵守法规和条例；遵守为其服务国家的道德与行为规范；适当地参与公共活动，向公众解释建筑问题。

2）建筑师对业主的义务

忠诚地、自觉地执业，合理地考虑技术和标准，作出无成见和无偏见的判断；学术性和职业性的判断优先于其他任何动机。建筑师在承接业务前应有足以完成业主要求的经济和技术支持；要以个人技能全身心地勤奋工作；要在约定的合理时间内完成业务；要把工作进展及影响质量和成本的情况告知业主；要对自己作出的意见承担责任，并只从事自己技术领域内的职业工作；在接受业主委托前写明自己不能承担的工作，特别是工作范围、责任分工和限制、收费数量和方式、终止业务条件；对业主的事务保密；要向业主、承包商解释清楚可能产生利益冲突的问题，保证各方的合法利益和各方合同的正常实施。

3）建筑师对职业的义务

维护职业的尊严和品质，尊重他人的合法权利和利益。建筑师要诚实、公正地从事职业活动；已从注册名单中除名者或被公认的建筑师组织排除者不应吸收作合伙人或经理；要通过行动提高职业尊严和品质，雇员也应该以此为标准，以免损害公众利益。

4）建筑师对同业（行）的义务

尊重同业，承认同业的职业期望、贡献和工作成果。建筑师不应有种族、宗教、健康、婚姻和性别上的歧视；不能采用未授权的设计概念，尊重知识产权；不能行贿；不能提前报价；不能以不正当的手段挖取别人已接受委托的项目；承认他人的工作成就等。

经历着高速发展的时代，中国建筑师正走在向专业事务所发展的职业化道路上。大大小小的项目，时间之紧迫，工作强度之巨大，是前人无法想像的。面对着眼前良莠不齐的大厦平地而起，一座座杂乱无序的新城不断涌现，我们在创造着历史，也带来了大量质量低劣的建筑。这不得不让我们去反省，去赶超。作为当代年青建筑师，时代给予了我们那么多的机遇和挑战，使我们能有机会更早更多地去面对各类项目。我们要直面境外建筑师的冲击，更要把自己手中的工作落实好。

一幢建筑的完成是从想像到图纸，再由图纸变成实体的过程。任何好的理念都必须落到实处才能被人接受。这需要有诚心做事，坚持不懈的职业素养，不论对内还是对外都要有团队的合作精神。工程实践中，有无数的节点和问题等待着建筑师去控制、去处理，建筑质量不高的原因有一部分是设计不精细，细部控制不够的结果。现在职业建筑师已开始承担部分项目总控制的角色，要以认真的态度对项目全程进行关注，在前期参与策划，设计阶段总控制，建设阶段节点控制，并随时提出补充意见。在当前混乱的市场中，追求眼前利益，只求漂亮的外观不求甚解是很危险的，也是不负责任的。而在压力中把复杂问题简单化，探求高效方法是职业道路中必然要解决的问题，也是我们目前积极努力的方向。以简洁明了的语言、严谨的思路、职业建筑师的态度，并以团队的力量去走职业化的道路，认真对待每一个项目的设计就是对社会最好的负责态度。

1.2   建筑师的管理体制

建筑师一般在专门的建筑事务所工作或从事相关教学科研工作。在中国，建筑师过去在国有企业单位建筑设计院工作，现基本在改制为股份制企业的单位工作，但也有少数其他专业的精英会偶尔客串建筑师的职业。中国现今实行国家注册建筑师制度，分为一级注册建筑师和二级注册建筑师。获得建筑学相关学位的人或者建筑设计工作者必须通过考试才能获得建筑师的执业资格。一个建筑事务所必须至少拥有两名一级注册建筑师方可开业。在英国，"建筑师"的定义相对狭窄。根据英国《建筑师法案》，通常只有通过7年英国皇家建筑师学会认可的三阶段建筑教育的人才能被称为"建筑师"；因为欧盟内部服务领域相互开放，获得其他欧盟国家执业建筑师资格的人在英国亦可享有"建筑师"头衔。而其他的建筑设计工作者只能被称为"建筑设计师"。而在意大利，"建筑师"是一个很宽泛的称号，雕塑家、家具设计师、室内设计师都可以被称为建筑师。

虽然在各个国家建筑师的管理体制会有所差别，但由于建筑业直接涉及公众的安全、健康和福利，一栋建筑物在建造和建成使用的过程中首先必须要达到安全的基本要求。如果不符合法规和不安全的建筑物投入使用，那将给公众的安全和福利造成危害。因此为防止这种情况发生，建筑设计人员必须有基本的质量要求，通常而言，取得建筑师资格必须经过特定的学位审核以及专业鉴定，也必须符合各国的建筑法规。

1.2.1   我国的注册建筑师制度

中国古代并不存在建筑师这一称呼，古代的都料将或者样师可以说就是建筑师，他们大多是实际承担建造职责的匠师。近代中国，早期的建筑设计被外国建筑师所垄断，当时中国的建筑样式呈现出殖民风格。直至20世纪初第一批留学西方学习建筑学的人员归国成为了中国第一批建筑师。而符合现代注册建筑师体制，真正意义的职业建筑师则是在市场经济逐步发展完善，借鉴了欧美建筑师注册制度后才开始出现的。

1）制度概述

我国的注册建筑师制度形成较晚。直至1994年9月，原建设部和原人事部下发了《建设部、人事部关于建立注册建筑师制度及有关工作的通知》（建设〔1994〕第598号），才决定在我国实行注册建筑师制度，并成立了全国注册建筑师管理委员会。1995年国务院颁布了《中华人民共和国注册建筑师条例》（国务院第184号令），2008年原建设部下发了《中华人民共和国注册建筑师条例实施细则》（建设部第167号令）。考试工作现由住房和城乡建设部、人力资源和社会保障部共同负责，日常工作委托全国注册建筑师管理委员会办公室承担，具体考务工作委托人力资源和社会保障部人事考试中心组织实施。考试每年举行一次，考试时间一般安排在9月下旬。原则上只在省会城市设立考点。

我国的注册建筑师分为一级注册建筑师和二级注册建筑师。注册建筑师是指经全国统一考试合格后，依法登记注册，取得《中华人民共和国一级注册建筑师证书》或《中华人民共和国二级注册建筑师证书》，在一个建筑单位内执行注册建筑师业务的人员。国家对从事人类生活与生产服务的各种民用与工业房屋①及群体的综合设计、室内外环境设计、建筑装饰装修设计，建筑修复、建筑雕塑、有特殊建筑要求的构筑物的设计，从事建筑设计技术咨询，建筑物调查与鉴定，对本人主持设计的项目进行施工指导和监督等专业技术工作的人员实施注册建筑师执业资格制度。而我国注册建筑师的相关管理部门与机构及其职能的情况也得到了确定，并日益规范化。各管理部门的职责、组成详见本章附录1。

2）级别设置

我国的注册建筑师级别分为一级注册建筑师和二级注册建筑师。全国一级注册建筑师执业资格考试由国家住房和城乡建设部与国家人力资源和社会保障部共同组织，考试采用滚动管理，共设9个科目。依据《中华人民共和国注册建筑师条例》（国务院令第184号）和《中华人民共和国注册建筑师条例实施细则》（建设部令第167号）的规定，一级注册建筑师考试合格成绩有效期为8年，在有效期内全部科目合格的，由全国注册建筑师管理委员会核发《中华人民共和国一级注册建筑师执业资格证书》。持有有效的《注册建筑师执业资格证书》者，即具有申请注册的资格，未经注册，不得称为注册建筑师，不得执行注册建筑师业务。一级注册建筑师的注册工作由全国注册建筑师管理委员会负责。

二级注册建筑师考试合格成绩有效期为4年，在有效期内全部科目考试合格的，由省级注册建筑师管理委员会核发《中华人民共和国二级注册建筑师执业资格证书》。二级注册建筑师的建筑设计范围只限于承担工程设计资质标准中建设项目设计规模划分表中规定的小型规模的项目。二级注册建筑师的注册工作由省

---

① 房屋建筑设计是指为人类生活与生产服务的各种民用工业房屋及其群体的综合性设计。

级注册建筑师管理委员会负责。

报考条件：

（1）符合下列条件之一的可以申请参加一级注册建筑师执业资格考试：

① 参加全国一级注册建筑师资格考试的人员应符合全国一级注册建筑师资格考试报考条件（表1-1）。

一级注册建筑师资格考试报考条件　　　　表 1-1

专业	学位或学历		职业实践最少时间
建筑学 建筑设计	本科及以上	建筑学硕士或以上毕业	2 年
		建筑学学士	3 年
		五年制工学学士毕业	5 年
		四年制工学学士毕业	7 年
	专科	三年制毕业	9 年
		两年制毕业	10 年
城市规划 城乡规划 建筑工程 房屋建筑工程 风景园林 建筑装饰技术	本科及以上	工学博士毕业	2 年
		工学硕士或研究生毕业	6 年
		五年制工学学士毕业	7 年
		四年制工学学士毕业	8 年
	专科	三年制毕业	10 年
		两年制毕业	11 年
其他工科	本科及以上	工学硕士或研究生毕业	7 年
		五年制工学学士毕业	8 年
		四年制工学学士毕业	9 年

② 不具备规定学历新参加考试的人员应从事建筑设计工作累计 15 年以上，且具备下列条件之一：

（A）作为项目负责人或专业负责人，完成建筑工程分类标准三级以上项目四项（全过程设计），其中二级以上项目不少于一项；

（B）作为项目负责人或专业负责人，完成综合性中型以上项目四项（全过程设计），其中大型项目或特种建筑项目不少于一项。

③ 职业实践要求：

按照一级注册建筑师职业实践标准，申请报名考试人员应完成不少于 700 个单元的职业实践训练。报考人员待全部科目考试合格后，在领取资格证书时需提供本人首次报名当年的《一级注册建筑师职业实践登记手册》，以供审查。

（2）符合下列条件之一的，可以申请参加二级注册建筑师执业资格考试（表1-2）：

二级注册建筑师资格考试报考条件 表 1-2

专业	学历		职业实践最少时间
中专（不含职业中专）	建筑学（建筑设计技术）	四年制毕业（含高中起点三年制）	5 年
	建筑学（建筑设计技术）	三年制毕业（含高中起点两年制）	7 年
	相近专业	四年制毕业（含高中起点三年制）	8 年
	相近专业	三年制毕业（含高中起点两年制）	10 年
	建筑学（建筑设计技术）	三年制成人中专毕业	8 年
	相近专业	三年制成人中专毕业	10 年
大专	建筑学（建筑设计技术）	毕业	3 年
	相近专业	毕业	4 年
本科及以上	建筑学	大学本科（含以上）毕业	2 年
	相近专业	大学本科（含以上）毕业	3 年

① 具有助理建筑师、助理工程师以上专业技术职称，并从事建筑设计或者相关业务 3 年（含 3 年）以上人员，可以报考。

② 不具备规定学历人员应从事工程设计工作满 13 年且应具备下列条件之一：

（A）作为项目负责人或专业负责人，完成民用建筑设计四级及以上项目四项全过程设计，其中三级以上项目不少于一项；

（B）作为项目负责人或专业负责人，完成其他类型建筑设计小型及以上项目四项全过程设计，其中中型项目不少于一项。

3）注册建筑师考试

（1）一级注册建筑师考试内容（表 1-3）

一级注册建筑师考试科目 表 1-3

序号	考试科目	考试型式	考试时间（h）
1	设计前期与场地设计	单选	2
2	建筑设计	单选	3.5
3	建筑结构	单选	4

序号	考试科目	考试型式	考试时间（h）
4	建筑物理与建筑设备	单选	2.5
5	建筑材料与构造	单选	2.5
6	建筑经济、施工与设计业务管理	单选	2
7	建筑方案设计	作图	6
8	建筑技术设计	作图	6
9	场地设计	作图	3.5

依据考试大纲要求，各考试科目应掌握的知识如下：

① 设计前期与场地设计（知识题）

（A）场地选择。能根据项目建议书，了解规划及市政部门的要求。收集和分析必需的设计基础资料，从技术、经济、社会、文化、环境保护等各方面对场地开发作出比较和评价。

（B）建筑策划。能根据项目建议书及设计基础资料，提出项目构成及总体构想，包括：项目构成、空间关系、使用方式、环境保护、结构选型、设备系统、建筑规模、经济分析、工程投资、建设周期等，为进一步发展设计提供依据。

（C）场地设计。理解场地的地形、地貌、气象、地质、交通情况、周围建筑及空间特征，解决好建筑物布置、道路交通、停车、广场、竖向设计、管线及绿化布置，并符合法规规范。

② 建筑设计（知识题）

（A）系统掌握建筑设计的各项基础理论、公共和居住建筑设计原理；掌握建筑类别等级的划分及各阶段的设计深度要求；掌握技术经济综合评价标准；理解建筑与室内外环境、建筑与技术、建筑与人的行为方式的关系。

（B）了解中外建筑历史的发展规律与发展趋势；了解中外各个历史时期的古代建筑与园林的主要特征和技术成就；了解现代建筑的发展过程、理论、主要代表人物及其作品；了解历史文化遗产保护的基本原则。

（C）了解城市规划、城市设计、居住区规划、环境景观及可持续性发展建筑设计的基础理论和设计知识。

（D）掌握各类建筑设计的标准、规范和法规。

③ 建筑结构

（A）对结构力学有基本了解，对常见荷载、常见建筑结构形式的受力特点有清晰概念，能定性识别杆系结构在不同荷载下的内力图、变形形式及简单计算。

（B）了解混凝土结构、钢结构、砌体结构、木结构等结构的力学性能、使用范围、主要构造及结构概念设计。

（C）了解多层、高层及大跨度建筑结构选型的基本知识、结构概念设计；了解抗震设计的基本知识，以及各类结构形式在不同抗震烈度下的使用范围；了解天然地基和人工地基的类型及选择的基本原则；了解一般建筑物、构筑物的构件设计与计算。

④ 建筑物理与建筑设备

（A）了解建筑热工的基本原理和建筑围护结构的节能设计原则；掌握建筑围护结构的保温、隔热、防潮的设计，以及日照、遮阳、自然通风方面的设计。

（B）了解建筑采光和照明的基本原理，掌握采光设计标准与计算；了解室内外环境照明对光和色的控制；了解采光和照明节能的一般原则和措施。

（C）了解建筑声学的基本原理；了解城市环境噪声与建筑室内噪声允许标准；了解建筑隔声设计与吸声材料和构造的选用原则；了解建筑设备噪声与振动控制的一般原则；了解室内音质评价的主要指标及音质设计的基本原则。

（D）了解冷水储存、加压及分配，热水加热方式及供应系统；了解建筑给排水系统水污染的防治及抗震措施；了解消防给水与自动灭火系统、污水系统及透气系统、雨水系统和建筑节水的基本知识以及设计的主要规定和要求。

（E）了解采暖的热源、热媒及系统，空调冷热源及水系统；了解机房（锅炉房、制冷机房、空调机房）及主要设备的空间要求；了解通风系统、空调系统及其控制；了解建筑设计与暖通、空调系统运行节能的关系及高层建筑防火排烟；了解燃气种类及安全措施。

（F）了解电力供配电方式，室内外电气配线，电气系统的安全防护，供配电设备，电气照明设计及节能，以及建筑防雷的基本知识；了解通信、广播、扩声、呼叫、有线电视、安全防范系统、火灾自动报警系统，以及建筑设备自控、计算机网络与综合布线方面的基本知识。

⑤ 建筑材料与构造

（A）了解建筑材料的基本分类；了解常用材料（含新型建材）的物理化学性能、材料规格、使用范围及其检验、检测方法；了解绿色建材的性能及评价标准。

（B）掌握一般建筑构造的原理与方法，能正确选用材料，合理解决其构造与连接；了解建筑新技术、新材料的构造节点及其对工艺技术精度的要求。

⑥ 建筑经济、施工与设计业务管理

（A）了解基本建设费用的组成；了解工程项目概、预算内容及编制方法；了解一般建筑工程的技术经济指标和土建工程分部分项单价；了解建筑材料的价格信息，能估算一般建筑工程的单方造价；了解一般建设项目的主要经济指标及经济评价方法；熟悉建筑面积的计算规则。

（B）了解砌体工程、混凝土结构工程、防水工程、建筑装饰装修工程、建筑地面工程的施工质量验收规范基本知识。

（C）了解与工程勘察设计有关的法律、行政法规和部门规章的基本精神；熟悉注册建筑师考试、注册、执业、继续教育及注册建筑师权利与义务等方面的规定；了解设计业务招标投标、承包发包及签订设计合同等市场行为方面的规定；熟悉设计文件编制的原则、依据、程序、质量和深度要求；熟悉修改设计文件等方面的规定；熟悉执行工程建设标准，特别是强制性标准管理方面的规定；了解城市规划管理、房地产开发程序和建设工程监理的有关规定；了解对工程建设中各种违法、违纪行为的处罚规定。

⑦ 建筑方案设计（作图题）

检验应试者的建筑方案设计构思能力和实践能力，对试题能作出符合要求的答案，包括：总平面布置、平面功能组合、合理的空间构成等，并符合法规规范。

⑧ 建筑技术设计（作图题）

检验应试者在建筑技术方面的实践能力，对试题能作出符合要求的答案，包括：建筑剖面、结构选型与布置、机电设备及管道系统、建筑配件与构造等，并符合法规规范。

⑨ 场地设计（作图题）

检验应试者场地设计的综合设计与实践能力，包括：场地分析、竖向设计、管道综合、停车场、道路、广场、绿化布置等，并符合法规规范。

另外，一级注册建筑师考试在其考试大纲中还指定了专门的考试规范、标准及主要参考书目，具体书目见本章附录2。

（2）二级注册建筑师考试内容（表1-4）

二级注册建筑师考试科目   表1-4

序号	考试科目	考试型式	考试时间（h）
1	场地与建筑设计（作图题）	作图	6
2	建筑构造与详图	作图	3.5
3	建筑结构与设备	单选	3.5
4	法律、法规、经济与施工	单选	3

依照考试大纲要求，其中各考试科目应掌握的知识如下：

① 场地与建筑设计（作图题）

总体要求：应试者应具有建筑学领域有关学科理论概念和基本知识，以及相关专业理论的基本概念与技术知识，具有中小型建筑工程设计的实践能力。

（A）场地设计：

理解建筑基地的地理、环境及规划条件。掌握建筑场地的功能布局、环境空间、交通组织、竖向设计、绿化布置，以及有关指标、法规、规范等要求。具有对场地总体建筑环境基本的规划设计与实践能力。能对试题作出符合要求及有关法规、规范规定的解答。

（B）建筑设计：

熟悉建筑设计的基础理论，掌握低、多层住宅、宿舍及一般中小型公共建筑的环境关系、功能分区、流线组织、空间组合、内外交通、朝向、采光、日照、通风、热工、防火、节能、抗震、结构选型及其他设计要点，以及建筑指标和有关法律、法规、规范、标准，并具有设计构思和实践能力。能对试题作出符合要求及有关法规、规范规定的解答。

② 建筑构造与详图（作图题）

总体要求：应试者应正确理解低、多层住宅、宿舍及一般中小型公共建筑的建筑技术，常用节点构造及其涉及的相关专业理论与技术知识，建筑安全防护设施等，并具有绘图表达能力。

（A）建筑构造：

熟悉低、多层住宅、宿舍及一般中小型公共建筑的房屋构造。掌握建筑重点部位的节点内容、构造措施及用料做法；掌握常用建筑构配件详图构造；了解与相关专业的配合条件，并能正确绘图表达。

（B）综合作图：

熟悉低、多层住宅、宿舍及一般中小型公共建筑中有关结构、设备、电气等专业的系统与设施的基本知识，掌握其与建筑布局的综合关系并能正确绘图表达。

（C）安全设施：

掌握建筑法规中一般建筑的安全防护规定及其针对儿童、老年人、残疾人的特殊防护要求。掌握一般建筑防火构造措施。并能正确绘图表达。

③ 建筑结构与设备

（A）建筑结构：

（a）对建筑力学的概念有基本了解，对荷载的取值及计算，结构的模型及受力特点有清晰的概念。对一般杆系结构在不同的荷载作用下的内力及变形有一个基本概念。

（b）对砌体结构、钢筋混凝土结构的基本性能，使用范围及主要构造能进行较为深入的了解及分析，对钢结构及木结构的基本概念有一般了解。

（c）了解多层建筑砖混结构，底框及底部两层框架及中小跨度单层厂房建筑结构选型基本知识，了解建筑抗震基本知识及各类建筑的抗震构造，各类结构在不同烈度下的使用范围，了解地质条件的基本概念，各类天然地基及人工地基的类型及选择原则。

（B）建筑设备：

（a）了解在中小型建筑中给水储存、加压及分配；热水及饮水供应；消防给水与自动灭火系统；排水系统、通气管及小型污水处理等。

（b）了解中小型建筑中采暖各种方式和分户计量系统，及其所使用的热源、热媒，了解通风防排烟、空调基本知识，以及风机房、制冷机房、锅炉房主要设备和土建关系，了解建筑节能基本知识，了解燃气供应系统。

(c) 了解在中小型建筑中电力供配电系统，室内外电气线路敷设，电气照明系统，电气设备防火要求，电气系统的安全接地及建筑物防雷；了解电信、广播、呼叫、保安、共用天线及有线电视、网络布线及节能环保等措施。

④ 法律、法规、经济与施工

(A) 法律、法规：

了解与工程勘察设计有关的法律、行政法规和部门规章的基本精神；熟悉注册建筑师考试、注册、执业、继续教育，及注册建筑师权利与义务等方面的规定；了解设计业务招标投标、承包发包，及签定设计合同等市场行为方面的规定；熟悉设计文件编制的原则、依据、程序、质量和深度要求，及修改设计文件等方面的规定；熟悉执行工程建设标准，特别是强制性标准管理方面的规定；了解城市规划管理、房地产开发程序和建设工程监理的有关规定；了解对工程建设中各种违法、违纪行为的处罚规定。

(B) 技术规范：

熟悉并正确运用一般中小型建筑设计相关的规范、规定与标准，特别是掌握并遵守国家规定的强制性条文，全面保证良好的设计质量。

(C) 经济：

了解基本建设费用的组成；了解工程项目概、预算内容及编制方法；了解一般建筑工程的技术经济指标和土建工程分部分项单价；了解建筑材料的价格信息，能估算一般建筑工程的单方造价；掌握建筑面积的计算规则。

(D) 施工：

了解砌体工程、混凝土结构工程、防水工程、建筑装饰装修工程、建筑地面工程的施工质量验收规范基本知识。

二级注册建筑师考试在其考试大纲中还指定了专门的考试规范、标准及主要参考书目，详见本章附录3。

(3) 考试时间

一般一、二级注册建筑师考试时间是在每年五月份。

(4) 报名办法

报名时间：每年二、三月份。

报名方式和地点：一般采用网上报名和现场报名两种方式，地点在各地人事考试中心。

4）注册条件

在我国通过了注册建筑师考试，并且具有注册建筑师资格者，可申请注册。申请注册还应满足以下条件：

(1) 申请注册建筑师应提供以下材料：

① 填写注册建筑师注册申请表；

② 申请人的注册建筑师执业资格考试合格证书复印件，证书自签发之日起超

过五年的，应附达到继续教育标准的证明材料；

③ 聘用单位出具的受聘人员申请注册报告；

④ 聘用单位出具的受聘人员的聘用合同；

⑤ 聘用单位出具的申请人遵守国家法律和职业道德，以及工作业绩的证明材料，该证明材料由申请人自提出申请之日前，最后一个服务期满两年以上的建筑设计单位出具，方为有效；

⑥ 县级或县级以上医院出具的能坚持正常工作的体检证明。

(2) 有下列情况之一者不予注册：

① 不具有完全民事行为能力的；

② 因受刑事处罚，自刑罚执行完之日起至申请注册之日不满五年的；

③ 在建筑设计或者相关业务中犯有错误，受到行政处罚或者撤职以上行政处分，自处罚决定之日起至申请注册之日止不满两年的；

④ 受吊销注册建筑师证书的行政处罚，自处罚决定之日起至申请注册之日止不满五年的；

⑤ 有国务院规定的不予注册的其他情形的。

注册建筑师管理部门对申请人员决定不予注册的，应于决定之日起十五日内书面通知申请人；申请人有异议的可以在收到通知之日起十五日内向注册管理部门申请复议。

准予注册的申请人分别由全国注册建筑师管理委员会和各地注册建筑师管理委员会核发住房和城乡建设部统一印制的一级注册建筑师证书或二级注册建筑师证书。同时颁发相应级别的执业专用章。"证书"及"专用章"全国通用。

注册建筑师受其执业的建筑设计单位委派，可在国内任何地方依法执行注册建筑师业务，不需要异地再次办理注册手续。

(3) 已取得注册建筑师证书的人员，注册后有下列情形之一的，由注册单位撤销注册，收回注册建筑师证书：

① 完全丧失民事行为能力的；

② 受刑事处罚的；

③ 因在建筑设计或者相关业务中犯有错误，受到行政处罚或者撤职以上行政处分的；

④ 自行停止注册建筑师业务满两年的；

⑤ 国家建设行政主管部门发现有关注册建筑师管理委员会违反注册规定，对不合格人员进行注册的。

被撤销注册的当事人，对撤销注册、收回注册建筑师证书有异议的，可以自接到撤销注册建筑师证书通知之日起十五日内向注册管理机构申请复议。

(4) 注册建筑师注册的有效期为两年，有效期届满需要继续注册的，由聘用单位于期满前三十日内办理继续注册手续，继续注册应提交下列材料：

① 申请人注册期内的工作业绩和遵纪守法简况；

② 申请人在注册期内达到继续教育标准的证明材料；

③ 县级或县级以上医院出具的能坚持正常工作的体检证明。

注册建筑师调离所在单位，由所在单位负责收回注册建筑师证书和执业专用章，并在解聘后三十日内交注册建筑师管理委员会核销。

注册建筑师离退休后，若需继续执行注册建筑师业务，应首先接受原单位返聘，其注册建筑师证书和执业专用章继续有效；原单位不再返聘，应负责收回其注册建筑师证书和执业专用章，并在离退休之日后的三十日内，交回注册建筑师管理委员会核销。

注册建筑师自被收回注册建筑师证书和执业专用章之日起，不得继续执行注册建筑师业务，不再称为注册建筑师。

高等学校（院）从事建筑专业教学并具有注册建筑师资格的人员，只能受聘于本校（院）所属建筑设计单位从事建筑设计，不得受聘于其他建筑设计单位。在受聘于本校（院）所属建筑设计单位工作期间，允许申请注册。获准注册的人员，在本校（院）所属建筑设计单位连续工作不得少于两年。准予注册的人数不得超过本校（院）从事建筑专业教学并具有注册建筑师资格的总人数的百分之四十。

建筑设计单位或全国及省、自治区、直辖市注册建筑师管理委员会，不得对有注册建筑师资格，且符合条例和实施细则规定者不予办理注册手续；也不得对不符合条例和实施细则规定者办理注册手续。

建筑设计单位或全国及省、自治区、直辖市注册建筑师管理委员会，不得对应撤销注册的注册建筑师，不予办理撤销注册手续；也不得对不应撤销注册者办理撤销注册手续。

全国注册建筑师管理委员会应当将准予注册和撤销注册的一级注册建筑师名单报国务院建设行政主管部门备案。省、自治区、直辖市注册建筑师管理委员会应当将准予注册和撤销注册的二级注册建筑师名单报省、自治区、直辖市建设行政主管部门及全国注册建筑师管理委员会备案。

注册建筑师必须向注册建筑师管理委员会缴纳注册管理费。一级注册建筑师向全国注册建筑师管理委员会缴纳；二级注册建筑师向省、自治区、直辖市注册建筑师管理委员会缴纳（其中百分之十上交全国注册建筑师管理委员会）。注册管理费用于注册建筑师管理委员会及其办事机构的工作支出。

5）执业规定

对于已经注册的职业建筑师，我国的相关法规与条例也对建筑师的执业条件作出了如下的规定：

(1) 执业的一般性规定

① 一级注册建筑师的建筑设计范围不受建筑规模和工程复杂程度的限制。二

级注册建筑师的建筑设计范围只限于承担工程设计资质标准中建设项目设计规模划分表中规定的小型规模的项目。

注册建筑师的执业范围不得超越其所在建筑设计单位的业务范围。注册建筑师的执业范围与其所在建筑设计单位的业务范围不符时，个人执业范围服从单位的业务范围。

② 建筑设计单位承担民用建筑设计项目，须由注册建筑师任项目设计经理（工程设计主持人或设计总负责人）；承担工业建筑设计项目，须由注册建筑师任建筑专业负责人。

③《中华人民共和国一级注册建筑师证书》、《中华人民共和国一级注册建筑师执业专用章》和《中华人民共和国二级注册建筑师证书》、《中华人民共和国二级注册建筑师执业专用章》是注册建筑师的执业证明，只限本人使用，不得转借、转让、仿制、涂改。

④ 凡属国家规定的民用建筑工程等级分级标准四级（含四级）以上项目，在建筑工程设计的主要文件（图纸）中，除应注明设计单位资格和加盖单位公章外，还必须在建筑设计图的右下角，由主持该项设计的注册建筑师签字并加盖其执业专用章，方为有效。否则设计审查部门不予审查，建设单位不得报建，施工单位不准施工。

⑤ 注册建筑师只能在自己任项目设计经理（工程设计主持人、设计总负责人，工业建筑设计为建筑专业负责人）的设计文件（图纸）中签字盖章；不得在他人任项目设计经理（工程设计主持人、设计总负责人，工业建筑设计为建筑专业负责人）的设计文件（图纸）中签字盖章，也不得为他人设计的文件（图纸）签字盖章。

⑥ 凡没有相应级别的注册建筑师的建筑设计单位，1998 年 12 月 31 日前，允许与有注册建筑师的建筑设计单位签订合同，聘请相应级别的注册建筑师代审、代签建筑设计图。1999 年 1 月 1 日后仍没有相应级别的注册建筑师的建筑设计单位，将按规定降低或撤销其建筑设计资格。具体办法由国务院建设行政主管部门另行制定。

⑦ 经注册建筑师签字并加盖执业专用章的设计文件（图纸），如需要修改设计，必须征得原签字盖章的注册建筑师同意，并由该注册建筑师执业的建筑设计单位出具注册建筑师签字盖章的设计变更手续，方可修改设计。如遇特殊情况，修改设计时无法征得原签字盖章的注册建筑师同意，可由该注册建筑师执业的建筑设计单位委派本单位具有相应资格的注册建筑师代行签字盖章。

⑧ 注册建筑师只能受聘于一个建筑设计单位执行业务。建筑设计单位聘用注册建筑师必须依据有关法律、法规签订聘任合同。注册建筑师在聘任期内需要调离时，也必须依据有关法律法规解除聘任合同。

⑨ 注册建筑师按照国家规定执行注册建筑师业务，受国家法律保护。任何单

位和个人不得无理阻挠注册建筑师依法执行注册建筑师业务。

（2）注册建筑师的执业范围①

① 建筑设计；

② 建筑设计技术咨询；

③ 建筑物调查与鉴定；

④ 对本人主持设计的项目进行施工指导和监督；

⑤ 国务院行政主管部门规定的其他业务。

（3）注册建筑师的义务

① 遵守法律、法规和职业道德，维护社会公共利益；

② 保证建筑设计的质量，并在其负责的设计图纸上签字；

③ 保守在执业中知悉的单位和个人的秘密；

④ 不得同时受聘于两个以上建筑设计单位执行业务；

⑤ 不得准许他人以本人名义执行业务。

（4）违规责任

① 以不正当手段取得注册建筑师考试合格资格或者注册建筑师证书的，由全国注册建筑师管理委员会或省自治区、直辖市注册建筑师管理委员会取消考试合格资格或者吊销注册建筑师证书；对负有直接责任的主管人员和其他直接责任人员，依法给予行政处分。

② 未经注册擅自以注册建筑师名义从事注册建筑师业务的，由县级以上人民政府建设行政主管部门责令停止违法活动、没收违法所得，并处以违法所得五倍以下的罚款；造成损失的，应当承担赔偿责任。

③ 注册建筑师违反本条例规定，有下列行为之一者，由县级以上人民政府建设行政主管部门责令停止违法活动，没收违法所得，并处以违法所得五倍以下的罚款；情节严重的，可以责令停止执行业务或者由全国注册建筑师管理委员会或省自治区、直辖市注册建筑师管理委员会注销注册建筑师证书：

（A）以个人名义承接注册建筑师业务、收取费用的；

（B）同时受聘于两个以上建筑设计单位执行业务的；

（C）在建筑设计或相关业务中侵犯他人合法权益的；

（D）准许他人以本人名义执行业务的；

（E）二级注册建筑师以一级注册建筑师的名义执行业务或者超越国家规定的执业范围执行业务的。

_____

① 一级注册建筑师的建筑设计范围不受建筑规模和工程复杂程度的限制；二级注册建筑师的建筑设计范围只限于承担国家规定的民用建筑工程等级分级标准三级（含三级）以下项目；五级以下项目，允许非注册建筑师进行设计。注册建筑师的执业范围不得超越其所在建筑设计单位的业务范围。注册建筑师的执业范围与其所在建筑设计单位的业务范围不符时，个人执业范围服从单位的业务范围。

④ 因建筑设计质量不合格发生重大责任事故、造成重大损失的，对该建筑设计负有直接责任的注册建筑师，由县级以上人民政府建设行政主管部门责令停止执行业务；情节严重的，由全国注册建筑师管理委员会或省自治区、直辖市注册建筑师管理委员会吊销注册建筑师证书。

6）继续教育

另外，为保持与提高执业注册建筑师的专业能力与水平，1997 年 11 月 19 日在京召开的全国注册建筑师管理委员会工作会议通过了《注册建筑师继续教育实施意见（暂行）》，要求对注册建筑师进行继续教育，并对注册建筑师的继续教育提出了如下的要求：

（1）注册建筑师继续教育旨在使其适应建设事业发展，及时了解和掌握国内外建筑设计技术、经济、管理、法规等方面的动态，使注册建筑师的知识和技能不断得到更新、补充、拓展和提高，以完善其知识结构，提高技术、艺术素质和执业能力，确保公众的安全、健康和福利。

（2）参加继续教育，提高自身的执业素质和服务水平，是注册建筑师的权利和义务。注册建筑师必须主动参加继续教育。

（3）注册建筑师每年参加继续教育的时间累计不得少于 40 学时，两年注册有效期内不得少于 80 学时。其中 40 学时为必修，40 学时为选修。可一次计算，也可累计计算。

（4）注册建筑师继续教育的 40 学时必修课程必须由符合全国注册建筑师管理委员会规定条件的代培单位承担培训任务。

（5）注册建筑师继续教育的 40 学时选修内容可结合实际情况累计计算：

① 在代培单位参加继续教育授课按学时计算；

② 自学完成全国注册建筑师管理委员会规定的选修内容，并有自学报告；

③ 参加国际或全国的专业学术会议、省级以上建筑学会举办的规模不少于 50 人的学术年会一次，相当于 10 学时；

④ 在国外、国内省级以上刊物发表学术论文一篇（必须是第一作者），相当于 10 学时；

⑤ 国家二级以上出版社出版发行建筑专著或最新建筑技术译著 15 万字以上，相当于 40 学时；

⑥ 参加全国一级或二级注册建筑师资格考试阅卷一次，相当于 20 学时；

⑦ 参加全国一级或二级注册建筑师资格考试考题初审或终审会一次，相当于 20 学时；

⑧ 参加注册建筑师考题征题，每提供符合要求的 10 道选择题，相当 20 学时；一道作图题，相当于 40 学时（各合作者之间按工作量分配学时）。

（6）注册建筑师继续教育实行继续教育登记制度，《注册建筑师继续教育证书》由全国注册建筑师管理委员会统一印制，各地管委会或有关部委业务主管部门发放。注册建筑师参加代培单位继续教育必修内容培训，考核合格后，由代培单位在证书栏目中填写并盖章。选修内容：学习报告、论文、著作、阅卷由各地方管委员会审核盖章；学术年会由举办单位出具证明；参加考题设计由全国委员会统一出具证明，由各地管委员会统一考核。

（7）全国注册建筑师管理委员会负责制定颁发注册建筑师继续教育的实施办法和一级注册建筑师代培单位条件；组织编写课程计划和审查教材。各地方注册建筑师管理委员会负责本地区所属一、二级注册建筑师继续教育的组织管理工作和二级注册建筑师代培单位条件的制定。

（8）各建筑设计单位应重视注册建筑师继续教育工作，有责任为本单位注册建筑师提供学习经费和时间以及参加继续教育的其他必要条件。

（9）注册建筑师要遵守继续教育的有关规定，服从所在单位的安排，接受检查考核。注册建筑师在参加继续教育期间享受国家和单位规定的工资、保险、福利待遇。

（10）各代培单位应在当地注册建筑师管理委员会的指导下，按照全国注册建筑师管理委员会对注册建筑师继续教育的要求，在保证教学质量的基础上，搞好培训和管理等各项工作。

除以上规定外，还对能够对一级注册建筑师进行继续教育代培单位的资格作出了如下规定：

（1）注册建筑师代培单位原则上设置在专业学科力量较强的高等学校、科研院所或有甲级设计资质的勘察设计单位，该单位应设有专门的教学管理机构，并能够独立按照教学计划和国家有关管理规定开展培训工作。

（2）代培单位应有政治、业务素质较高的稳定师资队伍。参加授课的教员必须具有副教授级以上或高级职称（建筑师应有一级注册建筑师资格）；教员与培训学员的人数比应小于1∶50。

（3）代培单位应有与培训学员规模相适应的专用教室和公用设施。

（4）代培单位应配有能满足教学需要的各种书籍和设备。

（5）凡具备上述条件的单位，可以提出申请，由各省、自治区、直辖市注册建筑师管理委员会审批，报全国注册建筑师管理委员会备案。

1.2.2　国外建筑师注册制度简介

1）美国[1]

美国的注册建筑师制度形成要比欧洲大陆晚很多。19世纪的美国还没有严格意义上的注册建筑师制度，人们从事各种级别的专业设计工作，而不用接受任何

---

① 本节内容与数据引自：杨德昭. 怎样做一名美国建筑师. 天津：天津大学出版社，1997.

职业教育。1857 年美国建筑师协会正式成立，开始规范建筑师的执业活动。1897年伊利诺伊州首先颁布了注册建筑师法。建筑师的道德准则也于 1909 年制定完成，提出建筑师要对公众的健康、安全和福利负责。美国没有统一的建筑师法，50 个州和 4 个领地及华盛顿特区等 55 个地区分别制定建筑法。美国于 1919 年成立了"全国注册建筑师委员会"（简称 NCARB），是一个非营利法人。NCARB的主要职能是颁发认定证明，包括人员教育、人员实习、考题拟定、制定样板法律由各州进行选择性执行、发放证书等工作。NCARB 根据满足一定资格条件者的申请，把申请者所受的教育、训练、考试及和注册有关的内容整理或记录，发给申请者，作为对各州委员会或外国注册机关的证明，说明该人已经符合 NCARB的认定条件。尽管申请 NCARB 证书完全是自愿的，但上述证明不是各州委员会所有的注册建筑师都能得到的，而必须是满足 NCARB 规定的资格条件者才能得到。有 NCARB 证书的人必须在想要进行活动的州，向州注册委员会注册以后，才可以作为建筑师进行活动。

专业人员符合注册建筑师或注册工程师条件并取得全国资格证书后，即可申请注册。美国的执业资格确认和注册管理是在各州的注册委员会，不存在全国通行的注册许可证，在一个州得到注册可以在该州执业，但到另一个州去执业需要再得到另一个州的注册。美国各州法律一般都规定了注册建筑师具有如下的主要权利：只有建筑师可以从事建筑业务和使用"建筑师"职业名称；建筑师可以和不是建筑师的人组成合作体共同完成业务，还可以担当企业法人。同时具有如下义务：按州法规定诚实地完成业务；在完成的设计图纸、说明书或其他文件上署名，并记入执照编号。美国的现行建筑师注册制度在两个方面对建筑师进行要求：

首先，建筑师必须达到一个基本的标准，即建筑师的最低标准，包括建筑教育、实践经验和通过资格考试。

其次，建筑师在达到这一基本标准拿到注册执照后，仍要保持和提高这一基本标准。如果建筑师不能以公认的职业标准进行建筑设计实践，或建筑师的建筑设计实践违反了有关法律规定，或进行非法活动，那就会面临取消执照的处罚。建筑师必须要表现出一定的专业能力和责任感，这就叫做职业标准，即建筑师必须达到其职业所公认的最低标准。

美国各州政府通过发放建筑师注册执照的方法来管理人们的建筑设计活动，要成为一名注册建筑师一般要满足以下 3 个要求：

① 建筑教育；

② 工作经验；

③ 资格考试。

美国各州对建筑师的资格要求不完全一样，最主要的不同是对建筑教育的要求不同，大多数州要求有美国建筑师资格考试委员会认可的建筑专业学历，另外一些州则不要求，有的州甚至不要求任何学历。不管要求与否，都必须通过资格考试，而参加资格考试的条件是必须有至少 5 年的教育和工作经验年限，通过考试后，还必须有 8 年以上的教育和工作经验年限才可授予建筑师执照。

(1) 建筑教育

虽然建筑教育在建筑师职业中有非常重要的作用，但美国建筑师考试委员会认可的建筑教育并没有作为建筑师资格的统一要求。虽然三分之二的州都要求至少接受 4 年的正规建筑专业教育，但在一些州没有接受正规建筑专业教育的人士同样可以成为建筑师。研究生教育则可有可无。

首先，美国全国建筑教育确认委员会（简称 NAAB）公布了其认可的建筑学院，只有这些建筑学院的毕业文凭才可以称之为正规建筑教育。其他任何学校和专业的教育都不能认可为建筑教育。但是在一些州，正规建筑教育不作为强制要求，因而非正规建筑教育或其他教育也有价值，同样可以折算为一定年限的正规建筑教育。按照加利福尼亚州的法律规定，建筑教育年限的计算方法为：

① 建筑学士 4 或 5 年；

② 建筑硕士 1 年；

③ 建筑博士 1 年；

④ 其他学士 3 年；

⑤ 其他硕士或博士 0 年。

同时在一些州，外国建筑学位同样可以折算成正规建筑教育年限，但首先要得到美国有关外国教育评价机构的认可。

(2) 工作经验

建筑师是所谓的专业人士，传统上专业人士的培养非常重视实习训练。与其他专业的情况不同，美国各州对建筑实习训练的要求不尽相同，一般要求实习期加学历达到 8 年以上就已到注册建筑师资格。实习期的年限计算方法与正规建筑教育一样，有一年工作经验就计算为一年。

对实习期的规定是必须要受到一名注册建筑师的亲自指导，该建筑师还要在实习证明书上签字以证明实习期的合法性。美国许多州还允许实习建筑师在与建筑有关的领域进行实习训练，如结构、园林、暖通等，但实习期年限的计算通常要打 50％的折扣。

(3) 资格考试

注册建筑师考试由美国全国注册建筑师考试委员会在美国全国范围内（以及加拿大）统一举行。该考试的首要目的是测试候选人在提供建筑服务的过程中保护公众安全、健康和福利的能力，除此之外建筑师资格考试还就建筑师候选人的综合建筑设计服务能力做检验。

考试共包括 8 个科目：

① 建筑施工文件和服务；

②材料和方法；

③暖通、给排水、电气和声学系统；

④建筑结构；

⑤场地设计：理论；

⑥设计前期；

⑦场地设计：绘图设计；

⑧建筑设计。

除以上8门考试外，一般还会外加一门口试。参加口试的条件是通过以上全部考试并有足够的工作经验。口试是测验考生的综合建筑设计能力，特别是实际工作能力。除以上内容外，还特别要求考生对建筑设计合同和建筑法规有相当的了解。

2）日本

1886年日本成立建筑学会，最初的名称是"造家学会"，1947年改为日本建筑学会。1950年颁布《建筑师法》，并于1987年成立了新日本建筑家协会，代表日本加入国际建筑师协会与亚洲建筑师协会。其宗旨是在日本确立建筑师的职能，提升建筑师的资质，改善和促进业务的进步，提高建筑质量和建筑文化。

可以说日本的现代建筑师制度在1950年的《建筑师法》中就已经明确地建立起来了。建筑师分为一级建筑师、二级建筑师和木构建筑师，职能范围是建筑设计与监理。《建筑师法》的宗旨是业务的恰当分级和建筑物品质的提高。建筑师在执业过程中必须诚实地执行业主的委托并积极提高建筑物的品质，遵守相应的法规，向业主就设计内容进行准确恰当的说明，并在施工中担任监理。另外，建筑师还要努力学习，提高职业能力，建筑师的注册组织也会为建筑师的学习提供条件。而各级建筑师的执业范围如表1-5所示。

日本建筑师执业范围[1]   表1-5

构造		木构及其他构造				混凝土、钢、砖石结构		
高度或层数		高度13m且檐高9m以下			高度13m且檐高9m以上	高度13m且檐高9m以下		高度13m且檐高9m以上
		1层	2层	3层		2层以下	3层以上	
建筑面积（m²）	<30	△	△	◎	●	△	◎	●
	30~100	△	△	◎	●	◎	◎	●
	100~300	○	○	◎	●	◎	◎	●

---

① 引自：姜涌. 建筑师职能体系与建造实践. 北京：建筑工业出版社，2005：145.

构造		木构及其他构造				混凝土、钢、砖石结构			
高度或层数		高度 13m 且 檐高 9m 以下			高度 13m 且檐高 9m 以上	高度 13m 且 檐高 9m 以下		高度 13m 且檐高 9m 以上
		1 层	2 层	3 层		2 层以下	3 层以上	
建筑 面积 (m²)	300~500	◎	◎	◎	●	●	●	●
	500~1000	◎	◎	◎	●	●	●	●
	>1000	◎	●	●	●	●	●	●

注：●：一级建筑师；

◎：一级或二级建筑师；

○：一级、二级建筑师或木构建筑师；

△：不受限制。

在日本，注册建筑师对实践的环节要求不高，没有参加过建筑实践的硕士就可以参加注册建筑师考试，因此日本的注册建筑师数量很多。

3）英国

英国授予的"建筑师"受英国法律的监管，并且只有那些在建筑师注册管理局注册过的建筑师才可以在业务过程中和实践中使用建筑师头衔。建筑师注册管理局在 1997 年制定了由议会通过的法案——《建筑师法》。该法规定了关于教育、登记和管理的各项法规，是由政府作为主管机关，在英国及整个欧洲实施和管理的各项规定。《建筑师法》提供了一个法律框架，以便在欧共体内建立相互承认学历的建筑联盟，为促进人权的建立和自由提供服务，并对违反建筑师注册法律的人与组织予以巨额的罚款。其宗旨是为了"维护消费者利益，保护建筑师声誉"。

被确认为是一名建筑师，在英国需要很长的时间，并要求通常不少于 7 年的学术研究和实际工作经验。成功地完成指定的研究后，才允许个人申请、注册、使用"建筑师"名衔。因此在英国那些使用建筑师名称的职业者已经取得了最低标准的教育，并掌握专业行为守则和做法，能够稳定地保证质量。注册建筑师作为一种方式，可以确保消费者的信心。

(1) 承认的建筑学课程与考核

在英国，申请注册建筑师的前两项条件是建筑教育与考核。接受建筑教育与进行注册考核都有规定的教育机构与部门。目前，超过 30 所大学和其他高等教育机构提供可获得认证机构承认的课程及考核，它们都需要五年制或同等时间的建筑学教育过程。为了实施建筑师注册制度，完成每一阶段的课程学习后都会由注册中心登记确认、颁发资格证书。

(2) 实际工作经验的要求

除上述接受教育及考核两项要求外，申请注册，还必须完成至少两年系统的、有记录的建筑实践环节，并获得第三项条件。

建筑师法的第十三条规定：

必须在欧盟注册建筑师的指导下从事至少两年的建筑实践工作，其中有 12 个月必须是在英国由英国的注册建筑师来指导。而且在完成 5 年制的建筑教育获得资格认证后，还要至少经过 12 个月的预备职业实践。

（3）考核

① 规定

参考人员需要提供如下相关材料：

（A）最多 2500 ~3000 字的自我评述，说明在何处及如何确认各项注册标准完成的。

（B）辅助材料包括设计、工程、技术论文和著作，或任何其他认为与考核相关的材料。

（C）面试时需要对这些材料进行答辩与说明。

② 考核

（A）注册中心会指派一个专家小组，这些考官都是来自实践或学术界的注册建筑师。注册中心会为每一名考生从中选择三名考官。其中一位主考官将带领其他的考官，负责确认考生是否完成全部的规定环节。各考官将作出一个判断，是否考生已符合注册建筑师的所有标准，并以书面的形式向注册中心汇报。

（B）各考官需要在第一时间作出判断，以决定考生的自我评述与辅助材料可证实以下哪种情况：

（a）所有标准得到满足；

（b）大部分的标准都可以满足，其余各项标准需考生提供口头的解释方可确定。

（C）如果通过分析自我评述和辅助材料，各考官不能确定考生是否符合要求，注册中心将会宣布该考生未能通过考试，也没有资格参加面试。各考官会以书面形式向注册中心汇报，主要是指出不足之处。但不允许考官告知考生采取任何补救行动。

（D）如果自我评述和辅助材料，由考官确定符合全部标准，即第一种情况，考官将会准备一系列的问题在面试的时候考核考生。考生的口头表达将会形成考官判断的基础，以决定是否能够确信考生的自我评述和辅助材料是源于对所有相关事宜的足够认识。这不仅仅要求考生表现出对工作的熟悉，而且还要解释与证明自己的工作。

如果考生对于问题的回答足以让考官确信自我评述和辅助材料是源于对所有有关事项的充分了解，考官会宣布该考生通过考试。如果候选人的回答是不够充分的，那么考官会宣布该考生未通过考试。该考官将确定以书面形式向注册中心说明原因。

（E）如果考官认为自我评述和辅助材料满足上述情况中的第二类，考官也将会准备一系列的问题在面试的时候考核考生。该考生的反应会形成考官的判断，以决定之前开会时那些没有明确的标准是否已得到满足，考生的口头解释以及对问题的答复也将构成考官判断的基础，以决定是否能确信自我评述和辅助材料是源于对一切有关事宜的足够认识。

如果考生的回答足以让考官确信所有的标准已经达到，考官将推荐该考生考试及格。如果考生的回应不足以使考官确信所有的标准已经达到自我评述和辅助材料是源于对所有有关事项的充分了解，考官判定该考生未能通过考试。考官将以书面形式向注册中心陈述未达标的理由。

（F）如果考官中出现分歧，决定将按多数人的意见执行。

③ 英国皇家建筑师学会（The Royal Institute of British Architects，即 RIBA）

（A）有意在英国注册建筑师的人必须通过注册中心的考核。而通过考核也是英国皇家建筑师学会和其他组织确定候选人入会资格的标准。候选人必须认识到这一点。注册中心将会向皇家建筑师学会告知候选人在考核过程中的情况，除非考生在填写申请表单时注明不希望皇家建筑师学会知道注册中心方面的信息。

（B）皇家建筑师学会可以相信考核的过程，而且注册中心的专家小组也可以指定人员加入皇家建筑师学会。高达 50% 的专家组成员都是英国皇家建筑学会的会员。

附录1：我国注册建筑师各管理部门的职责及组成

（1）国务院建设行政主管部门、人事行政主管部门对注册建筑师考试、注册和执业实施指导、监督的职责是：

① 制定有关注册建筑师教育、考试、注册和执业等方面的规章与政策；

② 检查监督注册建筑师教育、考试、注册、执业等方面的工作；

③ 按照对等原则，批准外国及港、澳、台地区注册建筑师资格的确认，以及注册建筑师注册、执业的许可；

④ 对与注册建筑师相关的其他工作进行指导和监督。

（2）省、自治区、直辖市建设行政主管部门、人事行政主管部门对注册建筑师考试、注册和执业实施指导、监督的职责是：

① 执行国家有关注册建筑师教育、考试、注册和执业等方面的法规政策；

② 根据国家有关法规政策，制定本行政区域内二级注册建筑师教育、考试、注册和执业等方面的实施办法；

③ 检查监督本行政区域内二级注册建筑师教育、考试、注册、执业等方面的工作；

④ 对本行政区域内与二级注册建筑师相关的其他工作进行指导和监督。

（3）全国注册建筑师管理委员会的职责是：

① 协助国务院建设行政主管部门、人事行政主管部门制订全国注册建筑师教育、考试、注册和执业等方面的规章、政策，并贯彻执行；

② 制定颁布注册建筑师教育标准、职业实务训练标准、考试标准和继续教育标准；

③ 定期公告注册建筑师考试信息和考试结果，按注册年度，公布全国注册建筑师名录；

④ 负责全国注册建筑师考试工作，建立注册建筑师考试试题库，审定试题，确定评分标准；

⑤ 受国务院建设行政主管部门、人事行政主管部门委托，负责核发、管理下列证书和印章：由国务院人事行政主管部门统一制作的《中华人民共和国一级注册建筑师执业资格考试合格证书》；由国务院建设行政主管部门统一制作的《中华人民共和国一级注册建筑师证书》；由全国注册建筑师管理委员会统一制作的《中华人民共和国一级注册建筑师执业专用章》；

⑥ 负责一级注册建筑师的教育、职业实务训练、考试、注册、继续教育、执业等方面的管理工作；

⑦ 检查、监督一级注册建筑师的执业行为；

⑧ 负责与外国及港、澳、台地区注册建筑师机构的联络工作；

⑨ 负责与外国及港、澳、台地区注册建筑师资格相互确认，以及注册建筑师注册、执业对等许可的审核与管理等具体工作；

⑩ 负责与注册建筑师管理相关的其他工作。

（4）省、自治区、直辖市注册建筑师管理委员会的职责是：

① 贯彻执行国家有关注册建筑师教育、考试、注册和执业等方面的法规政策；

② 协助省、自治区、直辖市建设行政主管部门、人事行政主管部门制订本行政区域内二级注册建筑师教育、考试、注册和执业等方面的实施办法，并贯彻执行；

③ 受国务院建设行政主管部门、人事行政主管部门和全国注册建筑师管理委员会委托，负责核发、管理下列证书和印章：由国务院人事行政主管部门统一制作的《中华人民共和国二级注册建筑师执业资格考试合格证书》；由国务院建设行政主管部门统一制作的《中华人民共和国二级注册建筑师证书》；由各省、自治区、直辖市注册建筑师管理委员会按全国注册建筑师管理委员会统一要求制作的《中华人民共和国二级注册建筑师执业专用章》；

④ 受全国注册建筑师管理委员会委托，负责本行政区域内申请一级注册建筑师考试报名资格的审查和一级注册建筑师全国考试的考务工作；

⑤ 负责本行政区域内二级注册建筑师教育、职业实务训练、考试、注册、继续教育、执业等方面的管理工作；

⑥ 检查、监督本行政区域内二级注册建筑师的执业行为；

⑦ 负责本行政区域内与二级注册建筑师管理相关的其他工作。

（5）注册建筑师协会是由注册建筑师组成的社会团体，其主要职责是：

① 贯彻实施国家有关注册建筑师的法规政策；

② 制定注册建筑师执业道德规范，监督会员遵守；

③ 对注册建筑师教育、职业实务训练、考试、注册、继续教育和执业等工作提出意见和建议；

④ 支持会员依法履行注册建筑师职责，维护会员的合法权益；

⑤ 承担建设行政主管部门和注册建筑师管理委员会委托的有关注册建筑师方面的工作；

⑥ 开展注册建筑师社会团体间的国际交流与合作。

全国注册建筑师管理委员会和省、自治区、直辖市注册建筑师管理委员会实行聘任制，分别由国务院建设行政主管部门或省、自治区、直辖市建设行政主管部门商人事行政主管部门聘任，每届任期三年。换届时，上届委员留任比例原则上不超过委员总人数的二分之一。

全国注册建筑师管理委员会由国务院建设行政主管部门、人事行政主管部门、其他有关行政主管部门的代表和建筑设计专家19~21人组成，设主任委员一名、副主任委员若干名。其办事机构为全国注册建筑师管理委员会秘书处。

省、自治区、直辖市注册建筑师管理委员会由省、自治区、直辖市建设行政主管部门、人事行政主管部门、其他有关行政主管部门的代表和建筑设计专家11～13人组成，设主任委员一名、副主任委员若干名。省、自治区、直辖市注册建筑师管理委员会应设立相应的办事机构，负责处理日常事务。

全国和省、自治区、直辖市注册建筑师管理委员会内分别设立监督委员会，按管理权限对一级或二级注册建筑师在执业中的违纪或违法行为进行调查核实，按条例规定配合行政机关或独立实施行政处罚。

附录2：一级注册建筑师考试主要参考书目

（1）设计前期与场地设计（知识题）

① 《中国建设项目环境保护设计规定》(87)，国环字第002号；

② 《民用建筑设计通则》JGJ 37—87；

③ 《城市居住区规划设计规范》GB 50180—93；

④ 《城市道路交通规划设计规范》GB 50220—95；

⑤ 《建筑设计资料集》（第二版）有关章节，1994；

⑥ 《建筑与规划》，余庆康编著，中国建筑工业出版社，1995，其中：第4章选址和用地；

⑦ 国家规范有关总平面设计部分。

（2）建筑设计（知识题）

① 建筑构图有关原理；

② 《公共建筑设计原理》，张文忠主编（第二版），中国建筑工业出版社；

③ 《住宅建筑设计原理》，朱昌廉主编，中国建筑工业出版社；

④ 《建筑设计资料集》（第二版）民用建筑设计有关内容，中国建筑工业出版社；

⑤ 《建筑工程设计文件编制深度的规定》等有关文件；

⑥ 《中国古代建筑史》，刘敦桢主编，中国建筑工业出版社；

⑦ 《外国建筑史》（十九世纪以前），陈志华著，中国建筑工业出版社；

⑧ 《外国近现代建筑史》，同济大学等编著，中国建筑工业出版社；

⑨ 《中国建筑史》，潘谷西主编，中国建筑工业出版社；

⑩ 《城市规划原理》，李德华主编（第二版），中国建筑工业出版社；

⑪ 《生态可持续建筑》，夏蓁、施燕编著，中国建筑工业出版社；

⑫ 《环境心理学》，林玉莲、胡正凡编著，中国建筑工业出版社；

⑬ 各类民用建筑设计标准及规范。

（3）建筑结构

① 高等院校教材（供建筑学专业用者）：

《建筑力学》第一分册：理论力学（静力学部分），重庆建筑工程学院编，高等教育出版社；

第二分册：材料力学（杆件的压缩、拉伸、剪切、扭转和弯曲的基本知识），干兴瑜、秦惠民编，高等教育出版社；

第三分册：结构力学（静定部分），湖南大学编，高等教育出版社；

《建筑抗震设计》，郭继武编，高等教育出版社；

《钢结构》黎钟、高云虹编，高等教育出版社；

《建筑地基基础》郭继武编，高等教育出版社；

《混凝土结构与砌体结构》郭继武编，高等教育出版社。

② 有关规范、标准：

建筑结构荷载规范、砌体结构设计规范、木结构设计规范、钢结构设计规范、混凝土结构设计规范、建筑地基基础设计规范、建筑抗震设计规范、钢筋混凝土高层建筑结构设计与施工规程、建筑结构制图标准等规范、标准中属于建筑师应知应会的内容。

（4）建筑物理与建筑设备

建筑物理：

① 《建筑物理》（第三版），高等学校建筑学、城市规划专业系列教材，西安科技大学刘加平主编，中国建筑工业出版社，2000；

② 《建筑设计资料集》（第二版），中国建筑工业出版社，1994；

③ 《民用建筑节能设计标准》（采暖居住建筑部份）JGJ 26—95，中国建筑科学研究院主编，中国建筑工业出版社；

④ 《夏热冬冷地区居住建筑节能设计标准》JGJ 134—2001，中国建筑科学研究院主编，中国建筑工业出版社；

⑤ 《民用建筑热工设计规范》GB 50176—93，中国建筑科学研究院主编，中国建筑工业出版社；

⑥ 《建筑采光设计标准》GB/T 50033—2001，中国建筑科学研究院主编，中国建筑工业出版社；

⑦ 《民用建筑照明设计标准》GBJ 133—90，中国建筑科学研究院主编，中国计划出版社；

⑧ 《民用建筑隔声设计规范》GB 118—88，中国建筑科学研究院主编，中国计划出版社；

⑨ 《城市区域环境噪声标准》GB 3096—93，国家环保局监测总站主编，国家环保出版社。

建筑设备：

① 《建筑给水排水设计手册》，中国建筑工业出版社，1992；

② 《建筑给水排水设计规范》，GBJ 15—88；

③ 《建筑设计防火规范》GBJ 16—87，2001 年版；

④《高层民用建筑设计防火规范》GB 50045—95，2001 年版；

⑤《自动喷水灭火系统设计规范》GB 50084—2001；

⑥《采暖通风与空气调节设计规范》GBJ 19—87；

⑦《民用建筑热工设计规范》GB 50176—93；

⑧《民用建筑节能设计标准》（采暖居住建筑部分），JGJ 26—95；

⑨《夏热冬冷地区居住建筑节能设计标准》，JGJ 134—2001；

⑩《锅炉房设计规范》GB 50041—92；

⑪《城镇燃气设计规范》GB 50028—93；

⑫《实用供热空调设计手册》，陆耀庆主编，中国建筑工业出版社，1993；

⑬《现代建筑电气技术资质考试问答》，林琅主编，中国电力出版社；

⑭《民用建筑电气设计规范》JGJ/T 16—92；

⑮《低压配电设计规范》GB 50054—94；

⑯《10kV 及以下变电所设计规范》GB 50053—94；

⑰《供配电系统设计规范》GB 50052—95；

⑱《建筑物防雷设计规范》GB 50057—94（2000 年版）；

⑲《民用建筑照明设计标准》GBJ 133—90；

⑳《火灾自动报警系统设计规范》GB 50116—98；

㉑《建筑与建筑群综合布线系统工程设计规范》GB/T 50311—2000。

（5）建筑材料与构造

① 高等院校教材：

《建筑材料》；

《建筑构造》；

《实用建筑材料学》，王寿华，马芸芳，姚庭舟编，中国建筑工业出版社，1998；

《建筑材料手册》，陕西省建筑设计研究院编，第四版，中国建筑工业出版社。

② 有关规定、规范：

屋面、地面、楼面、防水、装饰、砌体、玻璃幕墙等工程施工及验收规范有关部分；

《中国新型建筑材料集》，中国建筑工业出版社，1992。

（6）建筑经济、施工与设计业务管理

建筑经济：

①《一级注册建筑师资格考试手册》，全国注册建筑师管理委员会编写；

②《建筑师技术经济与管理读本》，全国注册建筑师管理委员会组织编写；

③《建设项目经济评价方法与参数》，第二版，中国计划出版社；

④《概、预算定额》（土建部分）。

建筑施工：

①《砌体工程施工质量验收规范》GB 50203—2002；

②《混凝土结构工程施工质量验收规范》GB 50204—2002；

③《屋面工程质量验收规范》GB 50207—2002；

④《地下防水工程质量验收规范》GB 50208—2002；

⑤《建筑地面工程施工质量验收规范》GB 50209—2002；

⑥《建筑装饰装修工程施工质量验收规范》GB 50210—2002。

(7) 设计业务管理

法律：

① 中华人民共和国建筑法（主席令第91号）；

② 中华人民共和国招标投标法（主席令第21号）；

③ 中华人民共和国城市房地产管理法（主席令第29号）；

④ 中华人民共和国合同法（主席令第15号），总则第一至第四章及第十六章（建筑工程合同）；

⑤ 中华人民共和国城市规划法（主席令第23号）。

行政法规：

① 中华人民共和国注册建筑师条例（国务院第184号令）；

② 建设工程勘察设计管理条例（国务院第293号令）；

③ 建设工程质量管理条例（国务院第279号令）。

部门规章：

① 中华人民共和国注册建筑师条例实施细则（建设部第167号令）；

② 实施工程建设强制性标准监督规定（建设部第81号令）；

③ 工程建设若干违法违纪行为处罚办法（建设部第68号令）；

④ 建筑工程设计招标投标管理办法（建设部第82号令）；

⑤ 其他。

附录3：二级注册建筑师考试主要参考书目

其中第1科目指场地与建筑设计，第2科目指建筑构造与详图，第3科目指建筑结构与设备，第4科目指法律、法规、经济与施工。

二级注册建筑师考试参考书目

序号	书名	对应的考试科目
1	建筑总平面设计（高等院校教材）	第1科目
2	住宅设计原理（高等院校教材）	第1科目
3	公共建筑设计原理（高等院校教材）	第1科目
4	建筑构造（高等院校教材）	第2科目

序号	书名	对应的考试科目
5	建筑设计资料集（第二版）	第1、2科目
6	建筑结构（上下册），郭继武、龚伟编（中国建筑工业出版社，1991）	第3科目
7	二级注册建筑师资格考试复习参考资料（全国注管委编，中国建筑工业出版社，1997）	第3科目
8	一级注册建筑师资格考试手册（有关费用组成及建筑面积部分）全国注册建筑师管理委员会组织编写	第4科目
9	建筑师技术经济与管理读本，全国注册建筑师管理委员会组织编写	第4科目
10	概、预算定额（土建部分）	第4科目
11	中华人民共和国建筑法 中华人民共和国主席令第91号	第4科目
12	中华人民共和国城市规划法（中华人民共和国主席令第23号）	第4科目
13	中华人民共和国招标投标法（中华人民共和国主席令第21号）	第4科目
14	中华人民共和国城市房地产管理法（中华人民共和国主席令第29号）	第4科目
15	中华人民共和国合同法（中华人民共和国主席令第15号）总则第一至第四章及第十六章（建设工程合同）	第4科目
16	中华人民共和国注册建筑师条例，国务院第184号令	第4科目
17	建设工程勘察设计管理条例（国务院第293号令）	第4科目
18	建设工程质量管理条例（国务院第279号令）	第4科目
19	中华人民共和国注册建筑师条例实施细则（建设部第52号令）	第4科目
20	实施工程建设强制性标准监督规定（建设部第81号令）	第4科目
21	工程建设若干违法违纪行为处罚办法（建设部、监察部第68号令）	第4科目
22	建筑工程设计招标投标管理办法（建设部第82号令）	第4科目
23	房屋建筑制图统一标准 GB/T 50001—2001	第1、2科目
24	总图制图标准 GB/T 60103—2001	第1、2科目
25	建筑制图标准 GB/T 50104—2001	第1、2科目
26	城市公共交通站、场、厂设计规范 CJJ 15—87	第1、4科目
27	城市居住区规划设计规范 GB 50180—93	第1、4科目

序号	书名	对应的考试科目
28	民用建筑设计通则 JGJ 37—87	第 1、2、4 科目
29	村镇规划标准 GB 50188—93	第 1、4 科目
30	城市道路和建筑物无障碍设计规范 JGJ 50—2001	第 1、2、4 科目
31	老年人建筑设计规范 JGJ 122—99	第 1、2、3、4 科目
32	建筑设计防火规范 GBJ 16—87—2001	第 1、2、3、4 科目
33	村镇建筑设计防火规范 GBJ 39—90	第 1、2、3、4 科目
34	汽车库、修车库、停车场设计防火规范 GBJ 39—97	第 1、2、3、4 科目
35	住宅设计规范 GB 50096—1999	第 1、2、3、4 科目
36	宿舍建筑设计规范 JGJ 36—87	第 1、2、3、4 科目
37	旅馆建筑设计规范 JGJ 62—90	第 1、2、3、4 科目
38	办公建筑设计规范 JGJ 67—89	第 1、2、3、4 科目
39	中小学校建筑设计规范 GBJ 99—86	第 1、2、3、4 科目
40	托儿所、幼儿园建筑设计规范 JGJ 39—87 试行	第 1、2、3、4 科目
41	文化馆建筑设计规范 JGJ 41—87 试行	第 1、2、3、4 科目
42	图书馆建筑设计规范 JGJ 38—99	第 1、2、3、4 科目
43	电影院建筑设计规范 JGJ 58—88 试行	第 1、2、3、4 科目
44	综合医院建筑设计规范 JGJ 49—88 试行	第 1、2、3、4 科目
45	疗养院建筑设计规范 JGJ 40—87 试行	第 1、2、3、4 科目
46	汽车客运站建筑设计规范 JGJ 60—99	第 1、2、3、4 科目
47	汽车库建筑设计规范 JGJ 100—98	第 1、2、3、4 科目
48	商店建筑设计规范 JGJ 48—88	第 1、2、3、4 科目
49	饮食建筑设计规范 JGJ 64—89	第 1、2、3、4 科目
50	屋面工程技术规范 GB 50207—94	第 2 科目
51	地下工程防水技术规范 GB 50108—2001	第 2 科目
52	建筑地面设计规范 GB 50037—96	第 2 科目
53	民用建筑隔声设计规范 GBJ 118—88	第 2 科目
54	民用建筑热工设计规范 GB 50176—93	第 2 科目
55	民用建筑节能设计标准（采暖居住建筑部分）JGJ 26—95	第 2、3 科目
56	建筑结构荷载规范 GB 50009—2001	第 3 科目
57	砌体结构设计规范 GB 50003—2001	第 3 科目
58	混凝土结构设计规范 GB 50010—2002	第 3 科目
59	建筑抗震设计规范 GB 50011—2001	第 3 科目
60	建筑地基基础设计规范 GB 50007—2002	第 3 科目

序号	书 名	对应的考试科目
61	建筑给水排水设计规范 GBJ 15—88	第 3 科目
62	采暖通风与空气调节设计规范 GBJ 19—87	第 3 科目
63	民用建筑电气设计规范 JBJ/T 16—92	第 3 科目
64	砌体工程施工质量验收规范 GB 50203—2002	第 4 科目
65	混凝土结构工程施工质量验收规范 GB 50204—2002	第 4 科目
66	屋面工程质量验收规范 GB 50207—2002	第 4 科目
67	建筑地面工程施工质量验收规范 GB 50209—2002	第 4 科目
68	建筑装饰装修工程施工质量验收规范 GB 50210—2001	第 4 科目
69	地下防水工程施工质量验收规范 GB 50208—2002	第 4 科目

Chapter2 Architectural Design Institute

第 2 章　建筑设计机构

第 2 章　建筑设计机构

本章概括性地介绍了我国及国外建筑设计机构的运作机制。通过本章的学习可以对我国建筑设计机构的资质认证、设计院体制与事务所体制的运作特征，以及美国、日本与英国的建筑设计机构运作机制有一个初步的认识与总体的理解。

2.1　我国建筑设计机构的运作机制

我国当代从事建筑设计的建筑师大致分为三大类别：一类是在设有建筑专业的设计院中工作的建筑师；一类在各种性质的建筑设计事务所或公司中供职；还有一类是游离于教学和设计之间的高校教师，他们本身也具有从事建筑设计的资质。前两类建筑师属于真正的职业建筑师，后一类建筑师并不是以建筑设计为其主业，不属于职业建筑师。还有一些建筑师零星分布于政府机关、房地产公司以及企业的基建部门，也不属于职业建筑师。

在过去的几十年里，社会对建筑设计的需求都比较单一。对建筑师而言，在其设计生涯中可能从事过各类建筑设计，从工业到民用，从住宅到公共建筑，扮演全能型设计人员的角色。而各种技术条件和需求基本由业主来设定或提供。在此条件下，建筑师只要掌握相应的规范、标准，运用基本的设计技术和专业知识，就能在蓝图上绘就相应的建筑，交付业主去建造。

随着经济的发展，社会对建筑功能的需求呈现出两极趋势，一方面要求建筑的功能越来越细化，办公建筑、酒店建筑、体育建筑、医疗建筑、商业建筑、文化建筑等层出不穷；另一方面又要求建筑具有多种复合功能，如集娱乐、休闲、学习、比赛于一体的综合性体育建筑，将观演、培训、休闲融合的大型文化中心等。设计的内涵在扩展，设计已经真正走向专业化。设计者不仅应拥有基本的设计技能等基础专业能力，更应该在某一领域内有所钻研，在设计知识和技术的掌握上有相应的深度。所以，专业化的发展也使建筑师从一般意义上的设计技术人员走向职业化的道路。

在中国目前的建筑设计机构中，存在着个体、合伙人、股份公司和国营设计院等多种组织形式，它们适应着不同的业主和社会需求。但从中国整体的建筑市场和在世界建筑行业中的地位角度来看，中国建筑设计机构正朝着公司化、专业化、规模化、职业化的方向发展。而且确立了较为完善的设计机构认证法规，形成了多元化的设计机构体制。

2.1.1　设计机构的资质认证

目前我国针对建筑设计相关机构的资质认证颁布了《建设工程勘察设计资质管理规定》与《建设工程勘察设计资质管理规定实施意见》，以法规的形式明确了各设计机构的等级与业务范围，具体规定见本章附录。我国目前现有的各种建筑设计机构即是在这些规定许可的范围内进行运作的。

2.1.2　设计院体制

中国建筑设计界从 20 世纪 50 年代开始沿袭了苏联大而全的设计院模式，航空、冶金、钢铁等行业里都有各自的大型设计院。现在这些大型航母将面对国内民营设计院所和国外设计机构的双重竞争，其计划经济下形成的管理模式和体制受到巨大挑战。

目前国有大中型设计院体制仍是我国设计市场上的主力军。中国目前有勘察设计单位 12000 多家，从业人数 80 余万人。随着国家 20 世纪 90 年代以来加大基础设施建设投资力度，各勘察设计单位的发展非常迅速，经济效益也都有大幅度增长。国有大中型设计单位在中国的建筑市场上仍具有绝对优势：有较长的历史，在长期实践中积累了一定的经验，形成了一些好的传统，如重视质量、重视功能，有一定的知名度。近几年，虽然很多境外事务所中标中国大型公共建筑设计，但是绝大多数项目还需依赖国内的大型设计院，这是那些民营设计公司所无法比拟的。勘察设计单位大都隶属于政府部门以及大专院校。从 20 世纪 90 年代初设计院体制为了适应市场需要就开始了一系列的体制调整，从推行事业化编制、企业化管理，直至 20 世纪末开始的股份制改革，设计院机构仍具有政府管理的色彩，因此弊病也较为突出，其中主要是机制、体制问题以及由此引发的一系列问题。

加入 WTO 以后，体制所带来的矛盾日益突出。"一方面是建筑师的话语权、知名权、作用力和市场份额的优势在下降，另一方面是本土建筑文化的影响力、辐射力、感召力表现微弱"[1]。中国建筑师普遍存在着心态浮躁的心理，面对激烈的生存竞争，境外事务所的大量涌进，自身素质尚有待提高，一些建筑师的社会责任和服务意识明显缺乏。而中国现有体制下的建筑设计院，其实是将具有不同思想、不同理念的自由职业者捆绑在一起进行生产、创作。这种捆绑式体制必然带来人员队伍的不稳定。当领导人的思想行动与建筑师本人的思想不合拍时，就造成人心浮动。而外企优厚的待遇、灵活的机制，为国内设计单位建筑师的外流

---

[1]　宋春华. 平心持正静观反思. 建筑学报，2005，(5)：7.

制造了引力和契机。而中国市政工程西北设计院日前被国际排名前 10 位的美国 AECOM 技术集团收购部分股权，并正式更名为中国市政工程西北设计研究院有限公司，开创了外资整体并购我国大型设计院的先河。

随着中国成为世界发展速度最快的地区和与世界市场的初步接轨，中国建筑市场成为世界著名设计师和设计公司关注的热点地区，建筑设计思想、设计方式、设计体制的碰撞与冲突亦随之凸显。因此国有大中型设计单位势必从单一的设计向两极发展，一是逐步发展成为大规模的综合性工程咨询公司，走设计、采购、施工总承包道路，这种立体化的项目运作管理靠目前这种单一的行政管理已很难完成；二是向具备某一专业技术特长的小型专业型咨询事务所发展，以高效、迅速、灵活的方式占领一定的细分市场。中国职业建筑师体制在刚刚经历了一场自发的，自上而下、自内而外的改革与建构之后，在这种大规模的中外交流与同场竞技中不得不面对一场新的变革与考验。近些年来，许多设计院在管理、技术、创作、体制等方面进行了许多改革的探讨与尝试。

1) 机构调整

我国最大的几个设计院，如中国建筑设计研究院、北京市建筑设计研究院和上海现代建筑设计集团等面对民营和外资设计机构的步步紧逼都开始探讨国有设计体制进一步改革发展的问题。这些设计院都拥有很强的执业实力，都是国有体制，如中国建筑设计研究院是国有企业，北京市建筑设计研究院则是事业单位。但近几年来，各设计院根据各自对建筑市场的理解也尝试走出了不同的道路，并且在机制、生产组织模式方面都有了更多的探索。中国建筑设计研究院最早发展专业模式，自 2003 年开始，为了提高专业化设计水准，取消了原来的五大"所"组成"院"模式，按建筑、结构、机电等专业进行了重组，并成立项目管理中心以及 3 个名人工作室。现代建筑设计集团虽然还是综合所模式，但也在 3 年前开始向专业化方向转移，即为每个综合所定位某种建筑类型作为重点攻关目标，例如学校建筑、医疗建筑、金融建筑等。北京市建筑设计研究院则是直接把原来的"所"改成了几十个工作室，以团队化的细胞结构，最大程度地发挥技术骨干的作用。

2) 工作室模式

中国建筑设计界面临着与国际先进水平接轨的任务，但从目前来看，还不可能在一夜之间就做到完全接轨。尤其是中国社会目前对私人建筑事务所的认同度较低，所以还不能像发达国家那样，成立几个私人事务所就拿来标榜为国际化。如果中国的建筑设计界不作出适时的调整和改变，任何希望依靠市场自我发展走向国际化的想法，在境外设计机构已经大举进入的今天，都将是坐以待毙的局面。

传统的大院形式虽然不能适应现在激烈的市场竞争，但是它们在相当长的时间与工作积累中获得了社会的广泛认同，并且其管理能力、资源优势和品牌效应不可估量。如何让两者很好地结合在一起，成为问题的关键。也就是在这种背景下，中国建筑设计研究院推出了以崔愷领军的名人工作室。几年下来，名人工作室承接的项目受到业主好评，起到了一定的"旗帜效应"。中国建筑设计研究院有3个名人工作室，分别由崔愷、李兴钢、陈一峰带领。崔愷工作室相对规模较大，目前有20多人，其他两个工作室不超过10人。

名人工作室主打"品牌效应"，获得了很好的市场效果。但并不是每一个工作室都能成为名人工作室，更大量的设计项目则需要中国设计师们共同探讨出更有效的工作方法和模式。国有设计院体制如何保持竞争力？中国大型设计院要盘活现有资源，找出应对市场需求的机制，提升系统的协调和快速反应能力，只有不断探索有效的设计流程和工作模式才能不断进步。

2.1.3　事务所体制

近代中国曾经有过一段建筑事务所十分繁荣的时期。在20世纪前10年，中国建筑师在水平比较低的情况下，已经开始独立从事大型西式建筑的设计。20世纪20年代以后，先后有一大批受过西方建筑学教育的建筑师开办了建筑公司或者事务所。这一时期的中国建筑事务所对民族建筑史产生了深远的影响。

但因为历史原因，这种依赖于私有制的经营方式曾一度不被允许。而当今，随着知识经济时代的到来，建筑师事务所这种自由灵活的经营方式正在挑战着传统设计院的单一模式，设计领域里的管理和体制因其所涉及人员本身从事创意工作，设计师与单位制度之间的矛盾更加明显。设计事务所这种灵活的经营方式为我国包括建筑等许多设计领域提供了更加高效的工作方式，更加灵活的设计流程，以及更有活力的设计方案。其适应知识经济时代的特征，也势必会在将来的设计市场中占据更加重要的地位。

当代中国建筑事务所开始于20世纪90年代中期。中国"十四大"后在上海、深圳、广州这3个重点城市的试点是在国家关于改革体制，实现现代企业制度，加强竞争、繁荣创作的前提下展开的。

目前我国建筑事务所的经营模式大概有如下几类：

1）合作型设计事务所

包括几种形式：与境外知名设计公司合作组成的设计机构、由国内知名设计大师主持的设计事务所、中小型设计机构经重组合并发展壮大后的设计机构。

2）中小型设计事务所

依靠人员优势和合作形式在激烈的竞争中拥有自己的市场份额。

3）外资企业

全资开办的注册外商独资设计机构。最低出资额为20万元美金，需经地方外经贸管理部门批准，办理公司注册时间约为半年，账务独立核算。体制形式主要有：

（1）个人事务所。这种事务所一般以某个专家名人为核心组成，人数在20～30人左右。典型的如贝聿铭事务所。

（2）政府创办的设计公司。如法国的安德鲁公司、美国一些地方政府建立的以承接政府公用性项目为主的设计公司。

（3）大公司创办或附设的设计公司，如日本一些大型建筑工程公司创办的以设计、研发为主要职能的设计公司。

（4）合伙人制公司。这也是国外存在数量最多，发展最为稳健的设计公司。其中的一部分业务和规模已经发展得很大了，成为跨地区的庞大系统组织，如美国的SOM，分支机构已遍布世界几大洲，分公司（分部）数量已达20～30个之多。分部与分公司构成一种层次合作关系。分部以总部的品牌在市场上承揽任务，总部对分部的设计质量提出要求和进行指导、把关。这种合伙人制鉴于它的稳定性、灵活性和管理的完善性成为目前国外事务所采用最普遍的一种形式。合伙人制设计公司业主明确、业务发展也始终围绕主业。合伙人制公司的领导人由合伙人推举产生，领导者的思路、行为与合伙人保持一致。

（5）代理。这种模式需要寻求固定的中国代理机构。仅需与中国一家设计行业公司（大小不限）签定代理合同，时间一般为两年左右，由代理公司出面接洽项目，双方共同签署设计合同，完成设计内容，最终由代理公司收取费用并开具发票，再从其中抽取一定比例的费用交纳给外方设计公司。

目前在中国，上述这些类型的建筑事务所正在迎来一个大发展的时期，但同时也面临着来自内部和外部的压力与挑战。具体的表现有：

首先，是来自传统的大型设计院的压力。我国的传统设计院虽然存在一些不适应市场经济的体制。但多年来大型设计院积累了许多宝贵建筑工程的经验与人才。这都是改革开放后新兴的建筑事务所所缺乏的。因此我国目前建筑事务所的业务性质大多局限在传统设计院的补充上，这使建筑事务所失去了发展壮大的机会。在一定程度也阻碍了小型建筑事务所通过合作取得大型项目的机会。

另外，在管理方面，我国的建筑师迫切需要提高自身在管理上的素养。因为这是市场经济所必需的，但建筑师们在以往的教育背景中却很少涉及的领域，这一点需要引起整个教育体系的共识才能得以改观。这些管理方面的素质不仅能够帮助独立开业的建筑师更好地运营自己的事务所，也能够更好管理所负责的项目。

其次，当今众多建筑事务所在市场中仍处于摸索阶段，定位不够明确。在管理模式上需要根据我们自身的特点设计人员构成模式。尤其是现在很多建筑师开业以后不注重管理，导致出现了很多制度上的漏洞以致无法调动起员工的积极性。借鉴欧美先进国家的管理经验固然便捷，但也需要考虑我国现在本科毕业生众多、设计市场管理不规范等实际因素。合适的构成模式能够使事务所的项目进行得更加顺利，更可以使员工产生必要的归属感。

同时，中国当代建筑事务所存在的劣势还主要表现在专业化程度不够，造成整个社会资源的浪费；企业形式单一，缺乏对风险的应对能力；管理结构不够成熟，新兴的事务所往往不注重行政制度的建立等。

虽然有这些问题，但近几年来我国建筑事务所管理和体制上的探索已经取得了很多经验。面临着 WTO 开放设计市场的挑战，我们的建筑事务所需要与国有大中型设计院形成互补的竞争模式，细分市场，提高自身专业化程度，完善企业形式和管理结构，才能在未来的设计市场中扮演更加重要的角色。

2.2 国外的建筑设计机构与运作机制

2.2.1 美国[①]

1）美国建筑师事务所的基本情况

在美国提供建筑设计服务的基本单位是建筑师事务所。美国目前约有 10000 家建筑设计事务所（公司），最小的建筑设计事务所只有 1 人，最大的建筑设计公司（HOK 公司）1800 人，其中约 85％的建筑设计事务所在 6 人以下。在美国的建筑设计事务所（公司）中，50％以上的都是美国建筑师学会（AIA）的会员。美国的建筑设计事务所（公司）可以是私人公司、专业公司、有限责任公司等多种形式，而且还可以采用有限合伙人制公司（如 SOM 公司）。美国的建筑设计事务所（公司）中，有限责任性质的公司占大多数，无限责任性质的公司很少。

但是不管建筑师事务所多大或多小，不管其公司的组织形式如何以及公司在哪里，建筑师事务所所担负的责任和所面临的挑战都是一样的。以下几个方面工作是所有建筑师事务所共有的：

（1）开拓市场

开发市场是所有建筑师事务所最重要的任务之一，是事务所生存和发展的关键。为此，大建筑师事务所都有专职市场开发人员，小事务所都是由主要人员兼管，市场学及其理论逐渐成为建筑师职业的一个新领域。

（2）内部管理

包括会计管理、办公用品和公司财产管理、人员管理等。通常大事务所由管理部门负责，小事务所则由老板和秘书兼管。

（3）设计

建筑师事务所生存发展的关键最终还是设计，搞好设计才是争取客户、开发市场的最有力手段。这里所说的设计相当于国内的方案设计，也就是相当于美国

---

① 本节部分的内容与数据引自：王早生. 美国、英国建筑事务所及建筑市场管理制度考察报告. 中国勘察设计，2005，（4）.

建筑师学会制定的基本服务中的初步设计。美国事务所通常将方案设计和施工图阶段的工作分开，方案设计完成并得到批准之后才移交给下一阶段。大事务所通常都有专门的设计部门，统一负责所有的设计工作，小事务所则由项目经理亲自设计。

（4）生产

这个概念是说在初步设计完成和批准后，准备施工图和详细说明，这一阶段相当于美国建筑师学会制定的基本服务中的扩初设计和施工图阶段。在这一阶段，设计方案演变为施工设计文件，其工作量占全部建筑设计工作量的 40% 以上。这一阶段的工作通常由项目协调人负责，绘图员则按协调人的指示绘制施工图和其他文件。

（5）合同管理

这一阶段也叫做施工管理，由于涉及很多法律问题，建筑师必须完全理解所有的法律合同文件。这阶段的工作都由项目经理亲自负责。

2）美国建筑设计市场准入管理

美国实行注册人员的个人市场准入管理制度，对单位不实行准入管理，即只有经过注册并取得注册建筑师、注册工程师执业资格证书后，方可作为注册执业人员执业，并作为注册师在图纸上签字。

美国各州都规定设计公司必须有 1 个以上的持有设计执照的人员。美国的建筑设计公司一般申请人是公司的拥有人，或者申请人本身不是建筑师，但雇佣至少 1 名建筑师来申请。有的州要求建筑设计事务所的拥有人必须全部是建筑师。

美国的设计公司可以采用合伙人制、私人公司、专业公司、有限责任公司、有限—合伙人制公司等多种公司性质，但各州对设计公司的性质要求也不一样，有些州还有一些特殊的规定。如纽约规定，设计公司必须是合伙人制而不能是有限公司，有的州规定成立有限责任设计公司其公司拥有者必须有一半以上的人持有设计执照，同时还必须有结构师、景观师等专业人员；新泽西州规定有限责任设计公司其公司拥有者必须 100% 拥有设计执照。如果一个人已经申请拿到建筑师执照，他就可以申请注册建筑师事务所。美国允许个人承接任务，成立一个公司后，即使 1 人也可以设计，承接任务范围没有限制，承接任务时需签订合同，技术文件需有注册人员签字。

3）美国政府工程设计招标管理及咨询设计企业市场监管

美国联邦政府有个专门的机构——总服务管理局，负责联邦政府工程的招投标管理。总服务管理局选择咨询设计企业时，主要看企业以前的工作质量、经历，不太注重费用。其选择方案一般按照技术质量排序，再与技术质量排序领先的咨询设计企业洽谈价格。各州及各市都有类似的机构，负责本级政府投资工程的招投标管理。

在美国，设计收费由市场决定。美国政府司法部反托拉斯机构负责监查设计收费，政府和行业组织没有设计收费标准，完全由市场决定。20年前，AIA（美国建筑师学会）曾公布了一个收费价格标准，后被中止。

美国大部分建筑设计公司从事单一建筑设计，如果涉及结构、设备专业设计则由开发商或设计公司牵头组成专业设计组完成或由市场上的其他设计咨询公司完成。设计公司必须遵守有关法律，如建筑物建在什么地方要符合区划法的规定。各州设计执照委员会对持有设计执照人员进行监督管理，如果有违规行为，则可以给予警告，罚款500~10000美元和吊销执照等处罚。美国政府部门，NCARB、AIA等学会、委员会都有专门的监督机构，对咨询设计企业和人员的市场行为进行监督管理。一旦出现纠纷，主要通过法庭解决。如果咨询设计人员是NCARB或AIA的会员，除了要遵守法律规定外，还要遵守会员规定。

4）美国对外国公司和个人在美国境内从事工程设计活动的市场准入管理

美国以外的公司可以通过以下两种途径进入美国：一是向美国有关政府部门申请设计执照后，以本公司名义在美国境内承接设计任务。国外的设计公司申请执照时是以个人名义申请，但具体从事设计活动时，有些州要求必须在当地成立企业。二是外国公司和美国咨询设计企业联合设计。

美国的概念设计不要求必须由注册建筑师签字，但是除概念设计外的图纸必须由注册建筑师签字。概念设计的深度一般都遵守AIA的规定，一般美国的建筑工程设计有方案设计（或概念设计）、初步设计、施工图设计、施工验收等方面的规范。美国政府部门依法对设计进行以下几方面的审查：一是是否按规划要求设计；二是使用性质是否改变，如商场改为医院等情况；三是消防审查。外国公司通过跨境交付的方式设计美国的项目，如果没有取得美国注册建筑师执照的人员在图纸上签字，是违反美国法律的。

美国允许外国建筑师以个人身份在美国承接任务，要求同本国建筑师一样，外国建筑师首先应取得美国全国委员会资格证书，再到各州注册。注册时，还要根据各州的规定，通过本州的特定考试，取得由州颁发的注册许可后，才可承接任务。美国对未取得注册资格的人员进入市场是有限制的，只允许他们作为设计顾问，而没有注册建筑师的图纸签字权。

"美国的建筑师事务所一般有三种类型：一种是只有一个老板，公司归他一个人所有，一般小型事务所多是这种类型；一种是有几个合伙人，公司归几个合伙人所有；第三种是股份制公司，持股人都是公司的主要负责人，由于持股人拥有的股份数量不同，在公司的地位及发言权也不一样，一般比较大的事务所都是股份制。建筑事务所的股份制不同于一般的制造业及其商业公司，它的股份不上市出售给公司以外的人，连公司的一般员工都不能拥有股份，持股人都是公司骨干或是公司未来的继承人"。[①]

---

① 何融. 从我所在的ADP公司看美国的建筑事务所. 时代建筑，1993，(2).

2.2.2　日本[①]

在日本国内，建筑教育、理论研究、艺术家式的建筑创作以建筑学会见长，以建筑生产为中心展开活动的是建筑业协会，而积极推动建筑立法并与世界建筑师协会（UIA）对应的却是建筑家协会。而在建筑生产过程中，主要体现为业主、设计机构、施工者三方面的关系。业主与建筑设计机构之间是代理合同关系，业主与承包商之间是购买、承包合同的关系。建筑设计机构作为专业技术人员和业主利益的代理人，在业主要求的环境品质和限定的资源条件下，制定建筑的功能和技术性能指标，并创造性地整合各种技术方案和空间安排。通过设计图纸与文件的表达记录方式，向施工者准确传达并监督、协调其实施过程，以达到业主的品质、造价、进度等要求。

但是，由于建筑生产的风险性和管理协调的难度，日本的建筑生产多采用类似传统的"大工"、"栋梁"的承包制度，即以对时间、费用、性能的预期实现承诺为基础的风险承担和施工组织体系。一般多为施工企业的设计施工总承包，或设计公司与施工总承包。基于上述建筑生产的特征，建筑施工的总承包也只是管理、协调、风险的承包，而组装成建筑的各个专业设备及部件的生产还是转包给各分包公司。

在西方采用的单价合同，成本加报酬合同并不多见。不愿意为服务付费，所以只能以最后的实物形式来承包，而其中的服务费用等只能以黑箱方式与实物混在一起。实际上这是在建筑买方市场上形成的一种风险转移，业主以此来节省精力和规避不可预见的风险。同时，这也是日本施工总承包企业技术和管理进步的结果。"在20世纪70年代后的石油危机和经济萧条中，日本的总承包公司积极导入欧美的 PM（Project Management）、CM（Construction Management）等的管理方法和制度体系，在技术和管理研发上取得长足进展，掌握了从企划/设计到施工/管理的建筑生产全过程，并积极本土化，迎合业主的需求，形成了具有日本特色的规模巨大、风险管理及协调能力强的设计加施工一体化的总承包企业。在20世纪90年代日本建筑最鼎盛期，一些大型建筑公司营业额超过了100亿美元，各公司总人数过万，设计部人数也在千人以上。因此，可以说日本的建筑设计机构有三种类型——总承包公司的设计部、组织设计事务所、建筑家工作室。

日本的建筑设计公司和建筑家工作室则在技术和施工管理上更加依赖总承包公司，建筑设计则成为在建筑师的总监督和导演下，各专业及工程技术人员发挥各自的技术优势，在建造过程中完成设计。

---

① 本节内容与数据引自：姜涌. 职业与执业——中外建筑师之辨. 时代建筑，2007，（2）.

2.2.3   英国[①]

与美国相似，英国的建筑设计公司多数规模不大，90%以上的公司不超过6人，40人以上的只占1%，但比较大的这几家设计公司却集中了英国20%以上的建筑师（表2-1）。在英国的建筑设计企业中，合伙企业及有限—合伙人制公司占企业总数的40%；个人公司或个人从业者占30%；私人有限公司占29%；公共有限公司及上市公司占1%。

1）英国建筑师事务所的基本情况

近20年来，英国建筑市场的一个重要变化是，20年前建筑市场的业主多是中央政府，而目前多是地方政府或私人发展商。目前，英国的建筑市场非常活跃。根据英国皇家建筑师学会（RIBA）项目登记统计，2004年英国共有4189家建筑设计企业。

英国皇家建筑师学会登记的建筑设计企业人员规模情况   表2-1

设计企业建筑师数量	1~2人	3~6人	7~17人	18~39人	40人以上
占建筑设计企业总数的比率	70%	20%	7%	2%	1%

英国80%的注册建筑师是英国皇家建筑师学会的会员。皇家建筑师学会在职业教育方面的工作主要是设立标准，学院则按照此标准来培养学生。同时，皇家建筑师学会也对建筑学院进行专业评估认定。英国有36家学院通过了评估认定。36家学院以外的学生也可以申请建筑师资格认证，但程序较复杂，包括学历、能力、经验等的重新核验。建筑师注册委员会ARB（Architect Registration Board）是一个官方机构，负责建筑师注册事宜。

2）英国建筑设计市场准入管理制度

不同于欧盟的有些国家，如法国规定只有建筑师可以在图纸上签字，英国法律并不要求在建造建筑物时必须雇佣建筑师。也就是说，在英国没有关于谁可以做设计、谁不能做设计的规定，任何人都可以做设计，也可以在图纸上签字。一名建筑师即使没有受雇于任何一家设计公司，也没有成立自己的公司，投资人也可以将项目委托给他进行设计。但是只有经过注册并取得注册建筑师资格的人员，才能称自己为建筑师，"建筑师"的称号受到法律保护。没有注册的设计人员可以称自己为建筑设计技术人员、咨询人员，但不可以称自己为建筑师，否则违法。

英国十几年前规定不允许建筑师开公司，建筑设计事务所必须采用合伙人制。

① 本节的内容与数据引自：王早生. 美国、英国建筑事务所及建筑市场管理制度考察报告. 中国勘察设计，2005，（4）.

但现在政府不再限制建筑设计企业必须采用何种企业性质，而是由企业自主选择。对私人设计公司的股东没有限制，技术人员和非技术人员都可以成为股东。但是，在英国注册私人公司手续较为繁琐，英国企业注册管理部门"企业处"对注册私人公司的办公地点、人员配置、财务状况等各方面进行严格审核，经营范围也在申报时必须确定，而且经营范围会受到限制。另外，规定私人公司设立时，必须配有两名以上可对公司负责的人员，但这两名负责人可以是技术人员、财务人员，也可以是一般的管理人员，并无特殊规定。合伙制企业设立手续相对简单，且经营范围灵活不受限制，如既可做设计也可以经营机械设备等，但有比较大的责任风险。企业设立有限责任性质的建筑设计公司时，同设立其他公司一样，没有任何特别的规定，成立有限责任公司或有限—合伙人制公司企业也必须在"企业处"注册。从法律责任上讲，私人公司由公司承担责任；合伙制公司责任要落实到合伙的每一个人，个人的私人财产也连带赔偿；私人有限公司是以公司的资产部分赔偿。有限—合伙人制公司是采用合伙人和有限责任相结合的一种企业性质，在这种形式下，如果企业出现问题，由图纸上签字的合伙人承担法律（刑事）责任，其他合伙人不承担法律（刑事）责任，由公司承担经济责任，全体合伙人按照占有公司的股份数额来享受收益及分担赔偿金额。

3）英国政府工程设计招标管理及咨询设计企业市场监管

在英国，私人项目发包可以不招标。政府投资项目总投资 200 万英镑以上要公开招标。社会团体项目要看投资来源，只要资金不是来源于纳税人，就可以自行发包而不招标。招标时可以由不同的公司组成联合体共同投标。

英国建筑设计的技术标准、规范采用欧盟的统一标准。英国政府部门及有关机构没有设计收费标准。为解决客户与建筑设计公司在服务取费与设计质量上的矛盾，即客户希望以较低的价格和得到较高质量的设计服务之间的矛盾，皇家建筑师学会制定了关于设计的基本质量标准 QBS（Quality Based Selection）。不管如何竞争，如何降低价格，设计质量必须达到 QBS 的质量标准。如果出现设计质量纠纷，皇家建筑师学会可以提供仲裁，如果设计企业质量没能达到 QBS，他们会建议业主通过诉讼等手段解决矛盾。这为保证设计质量提供了技术支持。

在英国，有些公共工程，政府不投资一分钱，而需要建筑师提出一个完整的方案，包括融资、投资、建造、管理和还贷等，即 PFI 计划项目。因此，对于建筑师而言，除了要出一个好的设计方案外，有时还需要与银行家、企业家等进行沟通，需要考虑项目建成后的运作等，对建筑师能力的要求大大提高。

为避免和减少欺诈、在合理低价的前提下开展竞争，英国主要是通过法律和信用等手段监管设计企业的市场行为，包括欧盟竞争法案、英国竞争法案、公平贸易办公室、皇家建筑师学会行为准则、ARB 行为准则、竞争性招标、以质量为基础的优选、建筑活动监管的法律和法规、ARB 的注册管理。

4) 英国的建筑设计市场情况和对外国设计公司的市场准入管理

目前，英国有个十年重建计划，发展住宅和政府工程建设。近十年，英国私人住宅价格一路飚升，他们希望通过协助政府多建住宅来达到降低房价的目的。因此，皇家建筑师学会及下属各机构比较忙，皇家建筑师学会组织多家建筑设计公司联合开展大型项目的设计，小型项目则由各公司承担。建筑企业在英国经济中的所有部门发挥作用，而且来自海外市场的设计项目越来越多。

英国对外国公司和个人在英国从事设计活动基本没有准入限制。同英国国内的企业一样，在英国限制的是对建筑师头衔的使用，即必须得到建筑师注册委员会（ARB）的注册。外国公司进入英国建筑设计市场，既可以在英国成立企业也可以以自身名义承接英国设计任务。外国设计人员只要取得工作签证，就可以在英国进行设计。外国公司可以通过跨境交付的方式提供最后的设计文件。外国公司既可以单独承接设计任务，也可以与英国公司合作。

附录：我国各设计机构的等级与业务范围的相关规定

1）资质认证的依据

(1) 根据《中华人民共和国建筑法》第十二条：从事建筑活动的建筑施工企业、勘察单位、设计单位和工程监理单位，应当具备下列条件：

① 有符合国家规定的注册资本；

② 有与其从事的建筑活动相适应的具有法定执业资格的专业技术人员；

③ 有从事相关建筑活动所应有的技术装备；

④ 法律、行政法规规定的其他条件。

(2) 第十三条规定：从事建筑活动的建筑施工企业、勘察单位、设计单位和工程监理单位，按照其拥有的注册资本、专业技术人员、技术装备和已完成的建筑工程业绩等资质条件，划分为不同的资质等级，经资质审查合格，取得相应等级的资质证书后，方可在其资质等级许可的范围内从事建筑活动。

(3) 根据《建设工程勘察设计管理条例》第七条：国家对从事建设工程勘察、设计活动的单位，实行资质管理制度。具体办法由国务院建设行政主管部门商国务院有关部门制定。

(4) 《建设工程质量管理条例》第十八条：从事建设工程勘察、设计的单位应当依法取得相应等级的资质证书，并在其资质等级许可的范围内承揽工程。禁止勘察、设计单位超越其资质等级许可的范围或者以其他勘察、设计单位的名义承揽工程。禁止勘察、设计单位允许其他单位或者个人以本单位的名义承揽工程。勘察、设计单位不得转包或者违法分包所承揽的工程。

2）资质的分级

(1) 工程设计资质分为工程设计综合资质、工程设计行业资质、工程设计专业资质和工程设计专项资质。

(2) 工程设计综合资质只设甲级；工程设计行业资质、工程设计专业资质、工程设计专项资质设甲级、乙级。

(3) 根据工程性质和技术特点，个别行业、专业、专项资质可以设丙级，建筑工程专业资质可以设丁级。

(4) 取得工程设计综合资质的企业，可以承接各行业、各等级的建设工程设计业务；取得工程设计行业资质的企业，可以承接相应行业相应等级的工程设计业务及本行业范围内同级别的相应专业、专项（设计施工一体化资质除外）工程设计业务；取得工程设计专业资质的企业，可以承接本专业相应等级的专业工程设计业务及同级别的相应专项工程设计业务（设计施工一体化资质除外）；取得工程设计专项资质的企业，可以承接本专项相应等级的专项工程设计业务。

3）资质申请条件

（1）凡在中华人民共和国境内，依法取得工商行政管理部门颁发的企业法人营业执照的企业，均可申请建设工程勘察、工程设计资质。依法取得合伙企业营业执照的企业，只可申请建筑工程设计事务所资质。

（2）因建设工程勘察未对外开放，资质审批部门不受理外商投资企业（含新成立、改制、重组、合并、并购等）申请建设工程勘察资质。

（3）工程设计综合资质涵盖所有工程设计行业、专业和专项资质。凡具有工程设计综合资质的企业不需单独申请工程设计行业、专业或专项资质证书。

（4）工程设计行业资质涵盖该行业资质标准中的全部设计类型的设计资质。凡具有工程设计某行业资质的企业不需单独申请该行业内的各专业资质证书。

（5）具备建筑工程行业或专业设计资质的企业，可承担相应范围相应等级的建筑装饰工程设计、建筑幕墙工程设计、轻型钢结构工程设计、建筑智能化系统设计、照明工程设计和消防设施工程设计等专项工程设计业务，不需单独申请以上专项工程设计资质。

（6）有下列资质情形之一的，资质审批部门按照升级申请办理：

① 具有工程设计行业、专业、专项乙级资质的企业，申请与其行业、专业、专项资质对应的甲级资质的；

② 具有工程设计行业乙级资质或专业乙级资质的企业，申请现有资质范围内的一个或多个专业甲级资质的；

③ 具有工程设计某行业或专业甲、乙级资质的企业，其本行业和本专业工程设计内容中包含了某专项工程设计内容，申请相应的专项甲级资质的；

④ 具有丙级、丁级资质的企业，直接申请乙级资质的。

（7）新设置的分级别的工程勘察设计资质，自正式设置起，设立两年过渡期。在过渡期内，允许企业根据实际达到的条件申请资质等级，不受最高不超过乙级申请的限制，且申报材料不需提供企业业绩。

（8）具有一级及以上施工总承包资质的企业可直接申请同类别或相近类别的工程设计甲级资质。具有一级及以上施工总承包资质的企业申请不同类别的工程设计资质的，应从乙级资质开始申请（不设乙级的除外）。

（9）企业的专业技术人员、工程业绩、技术装备等资质条件，均是以独立企业法人为审核单位。企业（集团）的母、子公司在申请资质时，各项指标不得重复计算。

（10）允许每个大专院校有一家所属勘察设计企业可以聘请本校在职教师和科研人员作为企业的主要专业技术人员，但是其人数不得大于资质标准中要求的专业技术人员总数的三分之一，且聘期不得少于2年。在职教师和科研人员作为非注册人员考核时，其职称应满足讲师/助理研究员及以上要求，从事相应专业的教学、科研和设计时间10年及以上。

4）资历和信誉

（1）企业排名：综合资质中工程勘察设计营业收入、企业营业税金及附加排名，是指经建设部业务主管部门依据企业年度报表，对各申报企业同期的年度工程勘察设计营业收入或企业营业税金及附加额从大到小的顺序排名；年度勘察设计营业收入、企业营业税金及附加，其数额以财政主管部门认可的审计机构出具的申报企业同期年度审计报告为准。

（2）注册资本：是指企业办理工商注册登记时的实收资本。

5）技术条件

（1）企业主要技术负责人：是指企业中对所申请行业的工程设计在技术上负总责的人员。

（2）专业技术负责人：是指企业中对某一设计类型中的某个专业工程设计负总责的人员。

（3）非注册人员是指：

① 经考核认定或考试取得了某个专业注册工程师资格证书，但还没有启动该专业注册的人员；

② 在本标准"专业设置"范围内还没有建立对应专业的注册工程师执业资格制度的专业技术人员；

③ 在本标准"专业设置"范围内，某专业已经实施注册了，但该专业不需要配备具有注册执业资格的人员，只配备对应该专业的技术人员；或配备一部分注册执业资格人员，一部分对应该专业的技术人员（例如，某行业"专业设置"中"建筑"专业的技术岗位设置了两列，其中"注册专业"为"建筑"的一列是对注册人员数量的考核，"注册专业"为空白的一列则是对"建筑"专业非注册技术人员数量的考核）。

（4）专业技术职称是指经国务院人事主管部门授权的部门、行业或中央企业、省级专业技术职称评审机构评审的工程系列专业技术职称。

（5）具有教学、研究系列职称的人员从事工程设计时，讲师、助理研究员可等同于工程系列的中级职称；副教授、副研究员可等同于工程系列的高级职称；教授、研究员可等同于工程系列的正高级职称。

（6）专业设置是指为完成某工程设计所设置的专业技术岗位，其称谓即为岗位的称谓。

① 高等教育所学的且能够直接胜任岗位工程设计的学历专业称为本专业，与本专业同属于一个高等教育工学学科（如地矿类、土建类、电气信息类、机械类等工学学科）中的某些专业称为相近专业。本专业、相近专业的具体范围另行规定。岗位对人员所学专业和技术职称的考核要求为：学历专业为本专业，职称证书专业范围与岗位称谓相符。

② 在确定主要专业技术人员为有效专业人员时，除具备有效劳动关系以外，主要专业技术人员中的非注册人员学历专业、职称证书的专业范围，应与岗位要求

的本专业和称谓一致和相符。符合下列条件之一的，也可作为有效专业人员认定

（A）学历专业与岗位要求的本专业不一致，职称证书专业范围与岗位称谓相符，个人资历和业绩符合资质标准对主导专业非注册人员的资历和业绩要求的；

（B）学历专业与岗位要求的本专业一致，职称证书专业范围空缺或与岗位称谓不相符，个人资历和业绩符合资质标准对主导专业非注册人员的资历和业绩要求的；

（C）学历专业为相近专业，职称证书专业范围与岗位称谓相近，个人资历和业绩符合资质标准对主导专业非注册人员的资历和业绩要求的；

（D）学历专业、职称证书专业范围均与岗位要求的不一致，但取得高等院校一年以上本专业学习结业证书，从事工程设计 10 年及以上，个人资历和业绩符合资质标准对主导专业非注册人员的资历和业绩要求的。

（7）个人业绩

企业主要技术负责人或总工程师的个人业绩是指，作为所申请行业某一个大型项目的工程设计的项目技术总负责人（设总）所完成的项目业绩；主导专业的非注册人员的个人业绩是指，作为所申请行业某个大、中型项目工程设计中某个专业的技术负责人所完成的业绩。

建筑、结构专业的非注册人员业绩，也可是作为所申请行业某个大、中型项目工程设计中建筑、结构专业的主要设计人所完成的业绩。

工程设计专项资质标准中的非注册人员，均须按新《标准》规定的对主导专业的非注册人员需考核业绩的要求，按相应专项资质标准对个人业绩规定的考核条件考核个人业绩。

（8）企业业绩

申请乙级、丙级资质的，不考核企业的业绩；

申请乙级升甲级资质的，企业业绩应为其取得相应乙级资质后所完成的中型项目的业绩，其数量以甲级资质标准中中型项目考核指标为准；

除综合资质外，只设甲级资质的，企业申请该资质时不考核企业业绩；

以工程总承包业绩为企业业绩申请设计资质的，企业的有效业绩为工程总承包业绩中的工程设计业绩；

申请专项资质的，企业业绩应是独立签定专项工程设计合同的业绩。行业配套工程中符合专项工程设计规模标准，但未独立签定专项工程设计合同的业绩，不作为申请专项资质时的有效专项工程设计业绩。

（9）承担业务范围

取得工程设计综合资质的企业可以承担各行业的工程项目设计、工程项目管理和相关的技术、咨询与管理服务业务；其同时具有一级施工总承包（施工专业承包）资质的，可以自行承担相应类别工程项目的工程总承包业务（包括设计和施工）及相应的工程施工总承包（施工专业承包）业务；其不具有一级施工总承包（施工专业承包）资质的企业，可以承担该项目的工程总承包业务，但应将施

工业务分包给具有相应施工资质的企业。

取得工程设计行业、专业、专项资质的企业可以承担资质证书许可范围内的工程项目设计、工程总承包、工程项目管理和相关的技术、咨询与管理业务。承担工程总承包业务时，应将工程施工业务分包给具有工程施工资质的企业。

6) 法律责任

国务院建设主管部门对全国的建设工程勘察、设计资质实施统一的监督管理。国务院铁路、交通、水利、信息产业、民航等有关部门配合国务院建设主管部门对相应的行业资质进行监督管理。县级以上地方人民政府建设主管部门负责对本行政区域内的建设工程勘察、设计资质实施监督管理。县级以上人民政府交通、水利、信息产业等有关部门配合同级建设主管部门对相应的行业资质进行监督管理。

(1) 企业隐瞒有关情况或者提供虚假材料申请资质的，资质许可机关不予受理或者不予行政许可，并给予警告，该企业在1年内不得再次申请该资质。

(2) 企业以欺骗、贿赂等不正当手段取得资质证书的，由县级以上地方人民政府建设主管部门或者有关部门给予警告，并依法处以罚款；该企业在3年内不得再次申请该资质。

(3) 企业不及时办理资质证书变更手续的，由资质许可机关责令限期办理；逾期不办理的，可处以1000元以上1万元以下的罚款。

(4) 企业未按照规定提供信用档案信息的，由县级以上地方人民政府建设主管部门给予警告，责令限期改正；逾期未改正的，可处以1000元以上1万元以下的罚款。

(5) 涂改、倒卖、出租、出借或者以其他形式非法转让资质证书的，由县级以上地方人民政府建设主管部门或者有关部门给予警告，责令改正，并处以1万元以上3万元以下的罚款；造成损失的，依法承担赔偿责任；构成犯罪的，依法追究刑事责任。

(6) 县级以上地方人民政府建设主管部门依法给予工程勘察、设计企业行政处罚的，应当将行政处罚决定以及给予行政处罚的事实、理由和依据，报国务院建设主管部门备案。

(7) 建设主管部门及其工作人员，违反本规定，有下列情形之一的，由其上级行政机关或者监察机关责令改正；情节严重的，对直接负责的主管人员和其他直接责任人员，依法给予行政处分：

① 对不符合条件的申请人准予工程勘察、设计资质许可的；

② 对符合条件的申请人不予工程勘察、设计资质许可或者未在法定期限内作出许可决定的；

③ 对符合条件的申请不予受理或者未在法定期限内初审完毕的；

④ 利用职务上的便利，收受他人财物或者其他好处的；

⑤ 不依法履行监督职责或者监督不力，造成严重后果的。

Chapter3 Construction Projects and Management System

第 3 章　建设项目及管理制度

第 3 章　建设项目及管理制度

　　建设项目是在一定的约束条件下，经过规定程序而完成的以形成固定资产为目标的一次性事业。它具有建设目标明确、具有特定对象等特点，可以从投资管理体制、建设规模和建设性质等不同角度对其进行分类。一个建设项目是一个工程综合体，可以分解为单项工程、单位工程、分部工程和分项工程四个层级。

　　建设项目管理是以建设项目为对象，为最优地实现建设项目为目标，所进行的一系列工作的总称。我国的建设工程管理制度体系由"四项基本制度"组成，它们分别是项目法人责任制、招标投标制、工程监理制和合同管理制。其中，项目法人责任制是"总纲"，居于核心地位，其他三项制度是基础，居从属地位。

3.1　建设项目

　　建设项目是指需要投入一定量的资本，在一定的约束条件下，经过规定程序而完成的符合质量要求的以形成固定资产为目标的一次性事业。

　　建设项目是一个按照总体设计进行施工，由一个或若干个具有内在联系的工程所组成的总体。通常以一个企业（包括联合企业）、事业单位或独立的工程作为一个建设项目。凡属于一个总体设计中的主体工程和相应的附属配套工程、综合利用工程、环境保护工程、供水供电工程、铁路专用线工程以及水库的干渠配套工程等，均可作为一个建设项目。凡不属于一个总体设计，工艺流程上没有直接关系的几个独立工程，应分别作为不同的建设项目。[①]

3.1.1　建设项目的特点

　　作为一种为了特定目标而进行的投资建设活动，工程建设项目一般具有如下的特点：

1）具有明确的建设目标

　　每个项目都具有确定的目标，包括成果性目标和约束性目标。成果性目标是指对项目的功能性要求，也是项目的最终目标；约束性目标是指对项目的约束和

---

① 引自：《城市建设统计指标解释》，原建设部综合财务司2001年颁布。

限制，如时间、质量、投资等量化的条件。

2）具有特定的对象

任何项目都具有具体的对象，它决定了项目的最基本特性，是项目分类的依据，同时又决定了项目的工作范围、规模和界限，整个项目的实施都是围绕着这个对象进行的。建设项目的对象在前期策划和决策阶段得到确定，在设计阶段逐渐细化和具体化，并通过施工阶段得以实现。

3）一次性

项目都是具有特定目标的一次性任务，有明确的起点和终点，任务完成项目即告结束，所有项目没有重复。即使是在形式上极为相似的项目，例如两栋造型和结构完全相同的建筑物，也依然存在着空间、环境和实施时间等不同。项目的一次性还体现在它的管理上，任何项目都是一次性的成本中心，项目经理是一次性得到授权的管理者，项目管理组织是一次性的组织。项目的一次性对项目的组织和组织行为影响尤为显著。

4）生命周期性

项目的一次性决定了项目具有明确的起止点，即任何项目都具有诞生、发展和结束的时间，也就是项目的生命周期。在项目的生命周期内，不同的阶段都有特定的任务、程序和内容，了解了项目的生命周期就可以有效地对项目进行管理和控制。

5）有特殊的组织和法律条件

建设项目的组织是一次性的，随着项目而产生和消亡。项目的参与单位之间主要以合同作为纽带相互联系，并以合同作为分配工作、划分权力和责任关系的依据。项目组织是多变而不稳定的，项目参与方之间在此建设过程中的协调主要通过合同、法律和规范实现。建设项目适用与其建设和运行相关的法律条件，如合同法、环境保护法、招标投标法、税法等。

6）涉及面广

建设项目涉及的方面极其广泛，一个项目常常会涉及建设规划、计划、土地管理、银行、税务、法律、设计、施工、材料供应、设备、交通、城管等诸多部门，因而项目组织者需要做大量的协调工作。

7）作用和影响具有长期性

由于建设项目的建设周期、运行周期、投资回收周期都很长，因此其质量好坏影响面大，作用时间长。

8）环境因素制约多

由于建设项目的建设地点都是唯一且特定的，因而受诸如气候条件、水文地质、地形地貌等多种环境因素制约，不可控因素极多，因此建设条件往往十分复杂。

3.1.2　建设项目的分类①

建设项目种类繁多，规模、性质、用途各不相同，为了科学管理的需要，可以从不同角度对工程建设项目进行分类。

1）按投资管理体制分类

按投资管理体制，建设项目可分为基本建设项目和更新改造项目。

基本建设项目简称基建项目，指经批准在一个总体设计或初步设计范围内进行建设，经济上实行统一核算，行政上有独立组织形式，实行统一管理的基本建设单位。通常以一企业、事业、行政单位作为一个基建项目。基建项目一般由设计文件规定的若干个有内在联系的单项工程组成，如钢铁项目可由炼铁、炼钢、轧钢等工程组成，纺织项目可由纺纱、织布、印染等工程组成。设计文件规定分期建设的单位，每一期工程作为一个基建项目。在这种情况下，一个企业、事业单位不止一个基建项目。

更新改造项目简称更改项目，指经批准具有独立设计文件（或项目建议书）的更新改造工程或更新改造计划方案中能独立发挥效益的工程。更新改造项目是根据独立设计文件或能独立发挥效益的工程确定的，大致相当于基本建设项目中的单项工程。现行统计制度规定，更新改造统计的基层填报单位是企业、事业单位，而不是更新改造项目。一个企业、事业单位可以同时有若干个更新改造项目。

2）按规模分类

按照规模，基本建设项目又可分为大中型项目和小型项目；更新改造项目可分为限额以上项目和限额以下项目。

基本大中型项目是指新建、扩建的日供水 11 万吨以上的独立水厂；日供气30 万立方米的独立煤气厂（包括液气石油气厂）等公用事业建设，总投资在 1 亿元以上的建设项目。按国家规定，排水管网、污水处理、道路、立交桥梁、防洪等工程，名胜古迹、风景点、旅游区的恢复、修建工程，无论规模多大，都不作为大中型项目统计。但考虑到这些基础设施的服务功能和所起的作用，我们应将其投资额在 1000 万元以上的项目视为大中型项目予以统计。

限额以上的更新改造项目是指投资额在 3000 万元以上的更新改造项目。

不同等级的建设项目，国家规定的审批机关和报建程序也不尽相同。

3）按建设性质分类

按照建设性质，建设项目又分为新建、扩建、改建、单纯建造生活设施、迁建、恢复和单纯购置项目。

基本建设项目根据整个项目情况确定建设性质；更新改造、其他固定资产投

---

① 本节依据原建设部综合财务司 2001 年颁布的《城市建设统计指标解释》编写。

资（包括城镇集体投资）项目则按整个企业、事业单位的建设情况确定建设性质。

（1）新建项目

一般指从无到有、"平地起家"开始建设的企业、事业和行政单位或独立工程。有的单位原有的基础很小，经过建设后其新增固定资产价值超过企业、事业单位原有固定资产价值（原值）3 倍以上的也作新建项目统计。

（2）扩建项目

指在厂内或其他地点，为扩大原有产品的生产能力（或效益）或增加新的产品生产能力，而增建主要生产车间（或主要工程）、独立的生产线、分厂的企业、事业单位。行政、事业单位在原单位增建业务用房（如学校增建教学用房、医院增建门诊部、病房）也作为扩建。现有企业、事业单位为扩大原有主要产品生产能力或增加新的产品生产能力，增建一个或几个主要生产车间（或主要工程）、总厂之下的分厂，如同时进行一些更新改造工程的建设，则该企业、事业单位也应作为扩建。

（3）改建项目

指现有企业、事业单位，对原有设施进行技术改造或更新（包括相应配套的辅助性生产、生活福利设施），没有增建主要生产车间、总厂之下的分厂等，则该企业、事业单位应作改建统计。现有企业、事业单位为适应市场变化的需要，而改变企业的主要产品种类（如军工企业转产民用品等），或原有产品生产作业线由于各工序（车间）之间能力不平衡，为填平补齐充分发挥原有生产能力而增建不增加本企业主要产品设计能力的车间，也应作改建统计。

（4）单纯建造生活设施

指在不扩建、改建生产性工程和业务用房的情况下，单纯建造职工住宅、托儿所、子弟学校、医务室、浴室、食堂等生活福利设施的企业、事业及行政单位。

（5）迁建项目

指为改变生产力布局或由于城市环保和生产的需要等原因而搬迁到另地建设的企业、事业单位。在搬迁另地建设过程中，不论是维持原来规模还是扩大规模都按迁建统计。

（6）恢复项目

指因自然灾害、战争等原因，使原有固定资产全部或部分报废，以后又投资恢复建设的单位。不论是按原规模恢复还是在恢复的同时进行扩建的都按恢复统计。尚未建成投产的基本建设项目或企业、事业单位，因自然灾害而损坏重建的，仍按原有建设性质划分。

（7）单纯购置项目

指现有企业、事业、行政单位单纯购置不需要安装的设备、工具、器具而不进行工程建设的单位。而有些单位当年虽然只从事一些购置活动，但其设计中规定有建筑安装活动，则应根据设计文件的内容来确定建设性质，不得作单纯购置统计。

3.1.3 建设项目的组成

按照国家《建筑工程施工质量验收统一标准》（GB 50300—2001）的规定，工程建设项目可分为单项工程、单位工程、分部工程和分项工程。

1）单项工程

单项工程一般是在一个建设项目中，具有独立设计文件的，可以独立组织施工和竣工验收，建成后可以单独发挥生产能力和效益的一组配套齐全的工程。从施工的角度看，单项工程是一个独立的施工交工系统。工业建设项目的单项工程，一般是指能独立生产的车间、设计规定的主要产品生产线；民用建设项目的单项工程，是指建设项目中能够发挥设计规定的主要效益的各个独立工程。

一个工程项目有时包括多个单项工程，但也有可能只包含一个单项工程。单项工程一般又由若干个单位工程组成。

2）单位工程

在一个单项工程中，具有独立的设计文件，建成后不能独立发挥生产能力或工程效益的工程称为单位工程。一个单位工程可以是一个建筑工程或者设备与安装工程，故也称建安工程。

一般情况下，单位工程是一个单体的建筑物或构筑物，需要在几个有机联系、互为配套的单位工程全部建成竣工后，才能提供生产或使用。例如，某车间是一个单项工程，则车间的厂房建筑是一个单位工程，车间的设备安装也是一个单位工程。

3）分部工程

分部工程是单位工程的进一步分解，通常是按工程结构、材料结构来划分的。一般工业与民用建筑工程可划分为基础工程、墙体工程、地面与楼面工程、装修工程、屋面工程等分部工程。其相应的建筑设备安装工程则可分为建筑采暖工程、煤气工程、建筑电气安装工程、通风与空调工程、电梯安装工程等。

当分部工程较大或较复杂时，还可按照材料种类、施工特点、施工程序、专业系统及类别等划分为若干子分项工程。

4）分项工程

分项工程是分部工程的组成部分，一般是按照主要工种、材料、施工工艺、设备类别等进行划分的。分项工程是能够用较为简单的施工过程生产出来的，并可用适当的计量单位计算和估价的建筑或安装工程产品，是便于测定和计算的工程基本构成要素。例如在砖石分部工程中，又可分为砖基础、外墙、内墙、砖柱等几个分项工程。

一个建设项目是一个工程综合体，可以分解为许多有内在联系的独立和不能独立的工程。从图3-1中，可以看出建设项目、单项工程、单位工程、分部工程和分项工程之间的内在联系与关系。

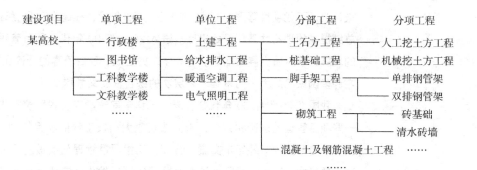

图3-1 建设项目的组成与相互关系

3.1.4 建设项目管理

建设项目管理是以建设项目为对象，在既定的约束条件下，为最优地实现建设项目目标，对从项目构思到项目完成的全过程进行决策与计划、组织与指挥、协调与控制、教育与激励等一系列工作的总称。

1）管理目标

争取最优地完成建设项目，是建设项目管理的总体目标，它包含3个最主要的方面：专业目标（功能、质量、生产能力等）、工期目标和费用目标（成本、投资），它们共同构成项目管理的目标体系。这三大目标通常由项目任务书、技术设计和计划文件、合同文件具体定义。这三者在建设项目的整个生命周期中具有如下特征：

（1）三者共同构成项目管理的目标系统，相互联系，相互影响，项目管理的首要任务就是追求这三者间的优化和平衡。任何强调最短工期、最高质量、最低成本的都是片面的，都会对总体目标造成损害。

（2）这三个目标在项目的筹划、设计、执行过程中经历由总体到具体，由概念到实施，由简单到详细的过程。项目管理的这三大目标必须分解落实到具体的各个项目单元，形成一个控制体系，才能保证总体目标的实现。

（3）项目管理必须保证三者结构关系的均衡性和合理性，这不仅体现在项目总体上，而且体现在项目的各个单元上，构成项目管理目标的基本逻辑关系。

2）项目管理的产生与发展

现代社会生产力高速发展，大型及特大型项目越来越多，其规模大、技术复杂、参加方多，又受到时间和资金的严格限制，因而人们迫切需要新的管理方法，能够多、快、好、省地完成既定目标；另外，系统论、信息论、控制论、计算机技术、运筹学、预测技术和决策技术等现代科学的产生和完善，也给项目管理理论和方法的发展提供了可能性。

20世纪20年代起，美国就有人研究项目管理。20世纪50年代各个学科的科学家从不同角度开发了许多理论方法，其中"计划评审技术"（PERT）的出现被认为是现代项目管理的起点。20世纪80年代，在建设项目管理实践的基础上总结提高的理论性著作开始出版。进入20世纪90年代，项目管理科学有了很大的发展，学术研究异常活跃。随着学术的进展，项目管理的理论和方法日趋成熟，在许多国家已成为一门多维、多层次的综合性交叉学科。

我国在20世纪60年代初，老一代科学家钱学森、华罗庚等人就致力于推广一些项目管理的理论和方法，十分重视重大科技工程的项目管理。20世纪80年代，随着我国的对外经济交流与合作，工程项目管理陆续被应用在一些大型重点建设项目中。同时，我国建筑业的管理体制也发生了变化，市场秩序逐步得到规范，为建设项目管理模式的发展打下了基础。1988年我国开始推行建设工程监理制度；1995年原建设部颁发了《建筑施工企业项目经理资质管理办法》，推行项目经理负责制；2003年原建设部颁发《关于建筑业企业项目经理资质管理制度向建造师执业资格制度过渡有关问题的通知》和《关于培育发展工程总承包和工程项目管理企业的指导意见》。"鼓励具有工程勘察、设计、施工、监理资质的企业，通过建立与工程项目管理业务相适应的组织机构、项目管理体系，充实项目管理专业人员，按照有关资质管理规定在其资质等级许可的工程项目范围内开展相应的工程项目管理业务"。"鼓励大型设计、施工、监理等企业与国际大型工程公司以合资或合作的方式，组建国际型工程公司或项目管理公司，参加国际竞争"。[①]

3.2 建设项目管理制度

随着我国建筑市场的建设和发展，建设项目的管理制度也逐步建立并完善起来。项目法人责任制、招标投标制、工程监理制和合同管理制，共同构成了我国的建设工程管理制度体系，它们相互关联、相互支持，并称为项目管理的"四项基本制度"。其中，项目法人责任制是"总纲"，居于核心地位，其他三项制度是基础，居从属地位。

3.2.1 项目法人责任制

1996年原国家计委颁布《关于实行建设项目法人责任制的暂行规定》，要求：

---

① 引自：《关于培育发展工程总承包和工程项目管理企业的指导意见》，原建设部建筑市场司2003年颁布。

为了建立投资约束机制，规范建设单位的行为，建设工程应当按照政企分开的原则组建项目法人，实行项目法人责任制，其核心内容是明确由项目法人承担投资风险，项目法人要对工程项目的建设及建成后的生产经营实行一条龙管理和全面负责。

实行项目法人责任制，是建立社会主义市场经济的需要，是转换项目建设与经营机制，改善建设工程项目管理，提高投资效益的一项重要改革措施。

按照规定，国有单位经营性大中型建设工程必须在建设阶段组建项目法人。新上项目在项目建议书被批准后，就要及时组建项目法人筹备组，主要由项目投资方派代表组成，具体负责项目法人的筹建工作。在申报项目可行性研究报告时，需同时提出项目法人组建方案。项目可行性研究报告经批准后，正式成立项目法人，并按有关规定确保资金按时到位，同时及时办理公司设立登记。项目法人可按《中华人民共和国公司法》的规定设立有限责任公司（包括国有独资公司）和股份有限公司等。

1）项目法人的主要职责

项目法人设立后，要对项目寿命周期的各个过程进行管理和全面负责。其在不同阶段的主要职责是：

（1）在前期工作阶段

负责筹集建设资金，提出项目的建设规模、产品方案、地址选择，落实项目建设所需的外部配合条件。

（2）在设计阶段

负责组织方案竞赛或设计招标工作，编制和确定投标方案；审查投标单位资质并择优选定中标单位；签定设计委托合同，提供有关设计基础资料，组织设计文件的审查，上报初步设计文件和概算文件；进一步审查资金筹措计划和用款计划。

（3）在施工阶段

负责组织招标工作，审查投标单位资质并择优选定中标单位；签订施工合同和材料采购合同，落实开工前的准备工作；编制年度投资和建设计划；组织建设实施并监督投资、质量和进度；项目建成后，组织验收并提出竣工验收报告，编制工程竣工决算报告。

（4）在生产运营阶段

负责组织生产运营和项目后评价工作，并提出项目后评价报告。

2）建设工程项目经理

建设工程项目经理是项目法人委派的领导和组织一个完整的建设工程项目建设的负责人，是项目法人的项目代表。工程项目重大问题的决策由项目法人作出，项目经理应采取措施确保其执行。

（1）对于所管理的项目，建设工程项目经理的责任是：

明确项目目标及约束；制订项目的各种活动计划；确定适合于项目的组织机构；招募项目组织成员，建设项目团队；获取项目所需资源；领导项目团队执行项目计划；跟踪项目进展并及时对项目进行控制；处理与项目相关者的各种关系；进行项目考评并完成项目报告。

（2）工程项目经理居于整个项目的核心地位，在工程项目管理中起着举足轻重的作用，因此对其具有较高的素质要求：

建设工程项目经理应当具有大专以上学历；熟悉国家有关投资建设的方针、政策和法规；有较强的组织能力和较高的政策水平；具有建设工程项目管理工作的实践经验；应通过国家有关部门的考试，获得与所承担工程项目相应级别的建造师执业资格。

3.2.2 建设工程监理制

所谓建设工程监理制，是指监理单位接受业主的委托和授权，根据国家批准的工程项目建设文件，有关建设工程的法律、法规和建设工程委托监理合同以及其他建设工程合同，对建设工程项目实施的专业化监督管理。

早在 1988 年，原建设部发布的"关于开展建设监理工作的通知"中就明确提出要建立建设监理制度。在《建筑法》中也作了"国家推行建筑工程监理制度"的规定，并于 1992 年开始推行注册监理工程师制度。之后，为了提高建设工程监理水平，规范建设工程监理行为，又先后发布了《建设工程监理规范》（GB 50319—2000）、《建设工程监理范围和规模标准规定》以及《房屋建筑工程施工监理管理办法（试行）》。

建设工程监理可以是建设工程项目活动的全过程监理，也可以是建设工程项目某一实施阶段的监理，如设计阶段监理、施工阶段监理等。我国目前应用最多的是施工阶段监理。

1）建设工程监理范围

为了确定必须实行监理的建设工程项目具体范围和规模标准，规范建设工程监理活动，按照原建设部颁布的《建设工程监理范围和规模标准的规定》，下列建设工程必须实行监理：

（1）国家重点建设工程

国家重点建设工程是指依据《国家重点建设项目管理办法》所确定的对国民经济和社会发展有重大影响的骨干项目（《建设工程监理范围和规模标准的规定》第三条）。

（2）大中型公用事业工程

大中型公用事业工程是指项目总投资额在 3000 万元以上的下列工程项目：

① 供水、供电、供气、供热等市政工程项目；

② 科技、教育、文化等项目；

③ 体育、旅游、商业等项目；

④ 卫生、社会福利等项目；

⑤ 其他公用事业项目。

（3）成片开发建设的住宅小区工程

成片开发建设的住宅小区工程，建筑面积在 5 万平方米以上的住宅建设工程，必须实行监理；5 万平方米以下的住宅建设工程，可以实行监理，具体范围和规模标准由省、自治区和直辖市人民政府建设行政主管部门规定。

为了保证住宅质量，对高层住宅及地基、结构复杂的多层住宅应当实行监理。

（4）利用外国政府或者国际组织贷款、援助资金的工程

① 世界银行、亚洲开发银行等国际组织贷款资金的项目；

② 使用国外政府及其机构贷款资金的项目；

③ 使用国际组织或者国外政府援助资金的项目。

（5）国家规定必须实行监理的其他工程

项目投资额在 3000 万元以上的关系社会公共利益、公众安全的基础设施项目：

① 煤炭、石油、化工、天然气、电力、新能源等项目；

② 铁路、公路、管道、水运、民航以及其他交通运输业等项目；

③ 邮政、电信枢纽、通信、信息网络等项目；

④ 防洪、灌溉、排涝、发电、引（供）水、滩涂治理、水资源保护、水土保持等水利建设项目；

⑤ 道路、桥梁、地铁和轻轨交通、污水排放及处理、垃圾处理、地下管道、公共停车场等城市基础设施项目；

⑥ 生态环境保护项目；

⑦ 其他基础设施项目；

⑧ 学校、影剧院、体育场馆项目。

2）建设工程监理的内容

建设工程监理的工作内容可以概括为"三控"、"两管"、"一协调"。

"三控"，即投资控制、进度控制、质量控制，它体现了建设工程监理的任务和目标。"两管"，即合同管理和信息管理。合同管理是达到建设工程监理目标的工具和手段；信息管理是进行建设工程监理工作的依据和基础。"一协调"即建设工程监理的组织协调，建设工程项目内部关系与外部关系的协调一致是保证其顺利进行的必要条件。

3）建设工程监理的原则

（1）依法监理的原则

建设工程监理是一种高智能有偿技术服务，是监理人员利用自己的建设工程

知识、技能和经验为业主提供的监督管理服务，获得的是技术服务性的报酬，这种服务性的活动是严格按照建设工程委托监理合同和其他有关工程建设合同来实施的，是受法律约束和保护的。我国已颁布了不少相应法规，就监理单位的设立及管理、工程建设监理的范围、工程建设监理合同、工程建设监理的取费等作了明确的规定。所有工程建设的监理活动都必须遵守这些规定，不得违反。

(2) 独立、公正的原则

从事建设工程监理活动的监理单位与业主、承包单位之间的关系是一种平等关系，是独立的专业公司，根据建设工程委托监理合同履行自己的权利和义务，按照自主原则独立地开展监理活动。监理单位不仅是为业主提供技术服务的一方，它还应当成为业主与承包单位之间公正的第三方，维护业主和被监理单位双方的合法权益。此外，监理还负有维护社会公众利益和国家利益的使命，所以监理公司必须站在公正的立场，独立行使自己的判断权和处理权。

(3) 参照国际惯例原则

在发达国家，建设监理已有很长的发展历史，已趋于成熟和完善，具有严密的法规、完善的组织机构以及规范化的方法、手段和实施程序，形成了相对稳定的体系。国际咨询工程师联合会（FIDIC）制定的土木工程合同条款被国际建筑界普遍认可和采用，为建设监理的规范化和国际化起到重要作用。我国已加入WTO，因此要充分研究和借鉴国际间通行的做法和经验，与国际惯例接轨，走向世界，参与世界竞争。

4）建设工程监理的程序

为了加强对工程项目的监理工作，监理工作须有序进行，监理程序要逐步规范化和标准化，以保证工程监理的工作质量，提高监理工作水平。按照《工程建设监理规定》，工程建设监理工作应遵循下列程序：

(1) 编制工程建设监理规划；

(2) 按工程建设进度，分专业编制工程建设监理细则；

(3) 按照建设监理细则进行建设监理；

(4) 参与工程竣工预验收，签署建设监理意见；

(5) 建设监理业务完成后，向项目法人（业主）提交工程建设监理档案资料。

5）建设工程监理单位的资质

(1) 监理单位必须有经建设行政主管部门审查并签发的，具有承担监理合同内规定的建设监理资格的资质等级证书；

(2) 监理单位必须是经工商行政管理机构审查注册，取得营业执照，具有独立法人资格的正式企业；

(3) 监理单位应有对拟委托的建设工程监理的实际能力（包括监理人员素质，主要检测设备等）。

6）建设工程监理单位的权利

根据我国《工程建设监理合同》示范文本的规定，监理单位享有如下权利：

（1）在业主委托的工程范围内，监理单位应有以下监理权

① 选择工程总承包人的建议权。

② 选择工程分包人的认可权。

③ 对工程建设有关事项包括工程规模、设计标准、规划设计、生产工艺设计和使用功能要求，向委托人的建议权。

④ 对工程设计中的技术问题，按照安全和优化的原则，向设计人提出建议；如果拟提出的建议可能会提高工程造价或延长工期，应当事先征得委托人的同意。当发现工程设计不符合国家颁布的建设工程质量标准或设计合同约定的质量标准时，监理人应当书面报告委托人并要求设计人更正。

⑤ 审批工程施工组织设计和技术方案，按照保质量、保工期和降低成本的原则，向承包人提出建议，并向委托人提出书面报告。

⑥ 主持工程建设有关协作单位的组织协调，重要协调事项应当事先向委托人报告。

⑦ 征得委托人同意，监理人有权发布开工令、停工令、复工令，但应当事先向委托人报告。如在紧急情况下未能事先报告时，则应在24h内向委托人作出书面报告。

⑧ 工程上使用的材料和施工质量的检验权。对于不符合设计要求和合同约定及国家质量标准的材料、构配件、设备，有权通知承包人停止使用；对于不符合规范和质量标准的工序、分部分项工程和不安全施工作业，有权通知承包人停工整改、返工。承包人得到监理机构复工令后才能复工。

⑨ 工程施工进度的检查、监督权，以及工程实际竣工日期提前或超过工程施工合同规定的竣工期限的签认权。

⑩ 在工程施工合同约定的工程价格范围内，工程款支付的审核和签认权，以及工程结算的复核确认权与否决权。未经总监理工程师签字确认，委托人不支付工程款。

（2）在业主授权下，可对合同规定的第三方的义务提出变更

监理人在委托人授权下，可对任何承包人合同规定的义务提出变更。如果由此严重影响了工程费用、质量或进度，则这种变更需经委托人事先批准。在紧急情况下未能事先报委托人批准时，监理人所做的变更也应尽快通知委托人。在监理过程中如发现工程承包人人员工作不力，监理机构可要求承包人调换有关人员。

（3）在委托工程范围内的调解与作证权

在委托的工程范围内，委托人或承包人对对方的任何意见和要求（包括索赔要求），均必须首先向监理机构提出，由监理机构研究处置意见，再同双方协商确定。当委托人和承包人发生争议时，监理机构应根据自己的职能，以独立的身

份判断，公正地进行调解。当双方的争议由政府建设行政主管部门调解或仲裁机关仲裁时，应当提供作证的事实材料。

7）建设工程监理单位的责任

（1）监理单位在责任期内，应当履行监理合同中约定的义务。如果因监理单位过失而造成了经济损失，监理单位应当承担相应的赔偿责任。工程监理单位与承包商串通，为承包单位谋取非法利益，给建设单位造成损失的，应当与承包单位承担连带赔偿责任。

（2）监理单位若需另聘专家咨询或协助，在监理业务范围内其费用由监理单位承担；监理业务范围以外，其费用由业主承担。

（3）监理单位向业主提出赔偿要求不能成立时，监理单位应当补偿由于该索赔所导致业主的各种费用支出。监理单位对第三方违反合同规定的质量要求和完工时限，不承担责任。因不可抗力导致监理合同不能全部或部分履行，监理单位不承担责任。

3.2.3　工程招标投标制

招标投标是市场经济条件下进行大宗货物的买卖、建设工程项目的发包与承包以及服务项目的采购与提供时，所采用的一种交易方式。招标投标的目的是为了签订合同，其特点是单一的买方设定包括功能、质量、期限、价格为主的标的，约请若干卖方通过投标报价进行竞争，从而选择优胜者，与其达成交易协议，随后按合同实现标的。

招标投标必须遵循公开、公平、公正和诚实信用的原则。其活动受《中华人民共和国招标投标法》规范。该法共分6章68条，主要内容包括通行的招标投标程序；招标人和投标人应遵循的基本规则；违反法律规定应承担的后果、责任等。

工程招标投标是指招标人（业主）通过招标文件，将委托的工作内容和要求告之自愿参加的投标人，请他们按规定的条件提出实施计划或价格，然后通过评审比较选出中标人，并以合同的形式完成委托。建设工程项目招投标包括建设监理招投标、勘察设计招投标、施工招投标等类型。除《中华人民共和国招标投标法》外，建筑工程的招投标还受到《工程建设项目施工招标投标办法》、《建筑工程设计招标投标管理办法》和《房屋建筑和市政基础设施工程施工招标投标管理办法》等法规的约束。

1）建设项目招标范围

按照《工程建设项目招标范围和规模标准规定》，需要招标的工程项目范围如下：

（1）关系社会公共利益、公众安全的基础设施项目

① 煤炭、石油、天然气、电气、新能源等能源项目；

② 铁路、公路、管道、水运、航空以及其交通运输业等交通运输项目；

③ 邮政、电信枢纽、通信、信息网络等邮电通信项目；

④ 防洪、灌溉、排涝、引（供）水、滩涂治理、水土保持、水利枢纽等水利项目；

⑤ 道路、桥梁、地铁和轻轨交通、污水排放及处理、垃圾处理、地下管道、公共停车场等城市设施项目；

⑥ 生态环境保护项目；

⑦ 其他基础设施项目。

（2）关系社会公共利益、公众安全的公用事业项目

① 供水、供电、供气、供热等市政工程项目；

② 科技、教育、文化等项目；

③ 体育、旅游等项目；

④ 卫生、社会福利等项目；

⑤ 商品住宅，包括经济适用住房；

⑥ 其他公有事业项目。

（3）使用国有资金投资的项目

① 使用各级财政预算资金的项目；

② 使用纳入财政管理的各种政府性专项建设基础的项目；

③ 使用国有企事业单位自有资金，并且国有资产投资者实际拥有控制权的项目。

（4）国家融资的项目

① 用国家发行债券所筹资金的项目；

② 使用国家对外借款或者担保所筹资金的项目；

③ 使用国家政策性贷款的项目；

④ 国家授权投资主体融资的项目；

⑤ 国家特许的融资项目。

（5）使用国际组织或者外国政府资金的项目

① 使用世界银行、亚洲开发银行等国际组织贷款资金的项目；

② 使用外国政府及其机构贷款资金的项目；

③ 使用国际组织或者外国政府援助资金的项目。

当以上范围的工程建设项目，包括项目的勘察、设计、施工、监理以及与工程建设有关的重要设备、材料等的采购，达到下列标准之一时，必须进行招标：

（1）施工单项合同估算价在 200 万元人民币以上的；

（2）重要设备、材料等货物的采购，单项合同估算价在 100 万元人民币以上的；

（3）勘察、设计、监理等服务的采购，单项合同估算在 50 万元人民币以

上的;

(4) 单项合同估算价低于以上三项规定的标准，但项目总投资额在 3000 万元人民币以上的。

当建设项目的勘察、设计、设施采用特定专利或者专有技术时，或者其建设艺术造型有特殊要求时，经项目主管部门批准，可以不进行招标。

2) 建设项目的招标方式

《招标投标法》规定，招标方式分为公开招标和邀请招标两大类。

(1) 公开招标又称无限竞争招标，是由招标人通过报刊、杂志、电台、电视台等媒体发布招标广告，凡有意者不受地域和行业的限制均可参加资格审查，合格的单位可购买招标文件参加投标。这种方式充分给予人们平等竞争的机会，招标人有较大的选择余地，但招标工作量大，组织工作复杂，适用于投资额度大，工艺、结构复杂的较大型工程建设项目。

(2) 邀请招标又称有限竞争性招标，此方式不发布招标公告，由招标人向预先选择的若干家具备项目承接能力、资质良好的潜在投标人发出投标邀请函，将招标工程的概况、工作范围及实施条件等作出简要说明，邀请他们参加投标竞争。邀请对象以 5~7 家为宜，不能少于 3 家。被邀请人同意参加投标后，从招标人处获取招标文件，按规定要求投标。这种方式目标集中，招标组织工作量小，但竞争性较差，可能失去某些有竞争力的潜在投标人。

3) 建设项目的招标程序

(1) 申请招标

招标单位需填写《建设工程招标申请表》，经上级主管部门批准后，连同《工程建设项目报建审查登记表》报招标管理机构审批。

(2) 发售招标文件

招标申请批准后，招标人应组织人员进行招标文件编制工作。招标文件通常包括：投标须知、合同条件、技术规范、图纸和技术资料、工程量清单等几大部分。招标文件是投标人编制投标文件和报价的依据。

招标文件准备就绪后，招标人就可发布招标信息并向应标人发售招标文件。

实行公开招标的项目应在媒体上发布招标公告；实行邀请招标的则向 3 个以上符合资质条件的潜在投标人发送投标邀请书。招标公告或邀请书内容一般包括招标人名称，建设项目资金来源，工程项目概况和本次招标工作范围的介绍，购置资格预审文件的地点、时间和价格等有关事项。

(3) 开标

开标应当在招标文件确定的提交投标文件截止时间公开进行，开标地点应当为招标文件中预先确定的地点。开标会议由招标人主持，邀请所有投标人参加，并邀请项目主管部门、当地计划部门等代表出席，招投标管理机构派人监督开标活动。

开标时，由投标人或者其推选的代表检查投标文件的密封情况，也可以由招标人委托的公证机构检查并公证；经确认无误后，由工作人员当众拆封，宣读投标人名称、投标价格和投标文件的其他主要内容。招标人在招标文件要求提交投标文件的截止时间前收到的所有投标文件，开标时都应当众予以拆封、宣读。

（4）投标

《招标投标法》规定："投标文件应当对招标文件提出的实质性要求和条件作出响应。"实质性要求和条件，是指招标项目的价格、项目进度计划、技术规范、合同的主要条款等，投标文件必须对此作出响应，不得遗漏、回避，更不能对招标文件进行修改或提出任何附带条件。

编制好投标文件后，投标人应在招标文件要求提交的截止时间前，将投标文件送达投标地点。招标单位接到投标文件后，应当签收保存，不得开启。在招标文件要求提交投标文件的截止时间后送达的投标文件，招标人应当拒收。

（5）评标

评标是对各投标书相对优劣的比较，以便最终确定中标人。评标由招标人依法组建的评标委员会负责。

依法必须进行招标的项目，其评标委员会由招标人的代表和有关技术、经济等方面的专家组成，成员人数为5人以上单数，其中技术、经济等方面的专家不得少于成员总数的三分之二。

与投标人有利害关系的人不得进入相关项目的评标委员会，已经进入的应当更换。评标委员会成员的名单在中标结果确定前应当保密。

评标委员会应当按照招标文件确定的评标标准和方法，对投标文件进行评审和比较；设有标底的，应当参考标底。评标委员会完成评标后，应当向招标人提出书面评标报告，并推荐合格的中标候选人。

招标人根据评标委员会提出的书面评标报告和推荐的中标候选人确定中标人。招标人也可以授权评标委员会直接确定中标人。

（6）定标

中标人确定后，招标人应当向中标人发出中标通知书，并同时将中标结果通知所有未中标的投标人。

中标通知书对招标人和中标人具有法律效力。中标通知书发出后，招标人改变中标结果的或者中标人放弃中标项目的，应当依法承担法律责任。

招标人和中标人应当自中标通知书发出之日起三十日内，按照招标文件和中标人的投标文件订立书面合同。招标人和中标人不得再行订立背离合同实质性内容的其他协议。

4）建设项目设计招投标

（1）须进行方案竞标的建设项目范围

① 建设部规定的特、一级建设项目；

② 重要地区或重要风景区的建设项目；

③ 4 万平方米以上（含 4 万平方米）的住宅小区；

④ 当地建筑主管部门划定范围的建筑项目；

⑤ 建筑单位要求进行方案竞标的建筑项目。

有保密或特殊要求的项目，经所在地区省级建设行政主管部门批准，可以不进行方案设计竞标。

（2）组织方案竞标的建设方的有关资质

① 必须是法人或依法设立的董事会机构；

② 有相应的工程技术、经济管理人员；

③ 有组织编制方案竞标文件的能力；

④ 有组织方案设计竞选、评定的能力。

如建设单位不具备上述条件，必须委托有相应资质的中介机构代理组织竞标活动。

（3）实行方案竞标的建设项目本身应具备的条件

① 具有经有关审批机关批准的项目建议书或设计任务书；

② 具有城市规划管理部门划定的项目建设地点、平面位置和用地红线图；

③ 有符合要求的地形图。建设场地的工程地质、水文地质初勘资料。水、电、燃气、供热、环保、通信、市政道路等方面的基础资料；

④ 有设计要求的说明书。

（4）参加竞标的设计单位的资质条件

① 凡有建筑工程设计证书和收费证书、营业执照的设计单位并加盖公章的，并经一级注册建筑师签字盖章的方案才能参加竞标；

② 没有一级注册建筑师的合法设计单位，可与有一级注册建筑师的设计单位联合参加竞标；

③ 境外设计事务所参加境内方案设计竞标，在其注册建筑师资格尚未相互确认前，其方案设计必须经中国一级注册建筑师咨询并签字，方为有效。

（5）方案招标文件的内容

① 工程综合说明，包括工程名称、地址、占地范围、建筑面积、竞标方式等；

② 经批准的项目建议书或者设计任务书及其他文件的复印件；

③ 项目说明书；

④ 合同的主要条件和要求；

⑤ 提供设计基础资料的内容、方式和期限；

⑥ 踏勘现场、竞标文件答疑的时间、地点；

⑦ 截止日期和评标时间；

⑧ 文件编制要求和主要评定原则；

⑨ 其他需说明的事项。

(6) 应标单位应提交的文件、资料

① 单位名称、法人代表、地址、单位所有制性质、隶属关系；

② 设计证书、设计收费证书及营业执照的复印件；

③ 单位简介、将参加本项目设计的主要技术力量简介；

④ 方案签字者的一级注册建筑师资格证书。

投标单位应按要求编制方案设计图纸、文件，经一级注册建筑师签字，并加盖单位法人代表（或其委托的代理人）的印签后，在规定的日期内，密封送达组织竞标单位指定地点。

3.2.4　合同管理制

为了便于勘察、设计、施工、材料设备供应单位和工程监理企业依法履行各自的责任和义务，我国在工程建设中实行合同管理制。建设工程的勘察、设计、施工、材料设备采购和建设工程监理都要依法订立合同，各类合同都要有明确的质量要求、履约担保和违约处罚条款。

合同，又称契约，是当事人之间确立一定权利、义务关系的协议。建设工程合同是承包人进行工程建设，发包人支付价款的合同。建设工程合同包括工程勘察、设计、施工合同。建设工程合同应当采用书面形式。建设工程合同的双方当事人分别称为承包人和发包人。

1) 合同在工程项目中的作用

(1) 合同分配着工程任务，它详细地、具体地定义着工程任务相关的各种问题，例如：责任人，工程任务的规模、范围、质量、工作量及各种功能要求，工期，价格，完不成合同任务的责任等。

(2) 合同确定了项目的组织关系，它规定着项目参加者各方面的经济责权利关系和工作的分配情况，所以它直接影响着整个项目组织和管理系统的形态和运作。

(3) 合同作为工程项目任务委托和承接的法律依据，是工程实施过程中双方的最高行为准则，工程进行中的一切活动都必须按合同办事。合同一经签订，只要合同合法，双方必须全面地完成合同规定的责任和义务，如果不能履行自己的责任和义务，则必须接受经济甚至法律的处罚。

(4) 合同将工程所涉及的生产、材料和设备供应、运输、各专业设计和施工的分工协作关系联系起来，协调并统一工程各参加者的行为，保证正常的工程秩序。

(5) 合同是工程过程中解决双方争执的依据。争执的判定以合同作为法律依据，争执的解决方法和解决程序由合同规定。

2) 建设工程合同的签订

(1) 建设工程合同订立的原则

① 平等原则

合同当事人的法律地位是平等的，一方不得将自己的意志强加给另一方，各方应在权利义务对等的基础上订立合同。

② 自愿原则

自愿原则目的在于保证当事人意思表示真实。当事人依法享有自愿订立合同的权利，不受任何单位和个人的非法干预。其主要表现在当事人有缔结、不缔结合同的自由，选择与谁缔结合同的自由，决定合同内容的自由，选择合同形式的自由，变更和解除合同的自由，当然自愿的前提是依法。合同自由原则是市场经济对法律提出的要求，没有合同自由就没有真正的市场经济。

③ 公平原则

公平原则是指以利益的均衡作为价值判断标准，依此来确定合同当事人的民事权利、民事义务及其承担的民事责任。它具体表现为：合同的当事人应有同等进行交易活动的机会，当事人所享有的权利与其承担的义务应大致相对等，不得显失公平；当事人所承担的违约责任与其违约行为所造成的实际损害应大致相当，当实际情况发生重大变化导致不能维持合同效力时，合同内容应得到相应变更。

④ 诚实信用原则

诚实信用原则是指建设工程合同的当事人在行使权力、履行义务时，都应本着诚实、善意的态度，恪守信用，不得滥用职权，也不得规避法律或合同规定的义务。它是市场经济活动中的道德准则在法律中的体现，也是维护市场经济秩序的必然要求。

⑤ 守法、不损害社会公共利益的原则

《合同法》规定："当事人订立、履行合同，应当遵守法律、行政法规，遵守社会公德，不得扰乱社会经济秩序，损害社会公共利益。"

(2) 建设工程合同订立的程序

① 要约邀请

要约邀请是指当事人一方邀请不特定的另一方向自己提出要约的意思表示。在合同法中，要约邀请行为属于事实行为而一般没有法律约束力，只有经过被邀请的一方作出要约并经邀请方承诺后，合同方可成立。在建设工程合同签订的过程中，发包方发布招标通告或招标邀请书的行为就是一种要约邀请行为，其目的在于邀请承包方投标。

② 要约

要约是指当事人一方向另一方提出合同条件，希望与另一方订立合同的意思表示。要约具有法律约束力，要约生效后，要约人不得擅自撤回或更改。在建设工程合同签订过程中，承包方向发包方递交投标文件的投标行为就是一种要约行为，作为要约的投标对承包方具有法律约束力，因为承包方在投标生效后无权修改或撤回投标以及一旦中标就必须与发包方签订合同，否则要承担相应责任等。

③ 承诺

承诺是指受要约人完全同意要约的意思表示。它是受要约人愿意按照要约的内容与要约人订立合同的允诺。承诺人（受要约人）作出承诺后，即受到法律的约束，不得任意变更或解除承诺。在招投标中，发包方经过开标、评标过程，最后发出中标通知书，确定承包方的行为即为承诺。《中华人民共和国招标投标法》规定："招标人和中标人应当自中标通知书发出之日起三十日内，按照招标文件和中标人的投标文件订立书面合同。"因此，确定中标单位后，发包方和承包方各自均有权利要求对方签订建设工程合同，也有义务与对方签订建设工程合同。

3）建设工程合同的履行

（1）建设工程合同履行的原则

① 实际履行原则

实际履行原则是指合同当事人按照合同规定的标的履行。除非由于不可抗力，签订合同当事人应交付和接受标的，不得任意降低标的物的标准、变更标的物或以货币代替实物。

② 全面履行原则

全面履行原则是指合同当事人必须按照合同规定的标的、质量和数量、履行地点、履行价格、履行时间和履行方式等全面地完成各自应当履行的义务。如果合同条款对上述主要内容的约定不明，当事人又不能通过协商达成补充协议的，则应按照合同有关条款或交易习惯确定；如仍确定不了，则可根据适当履行的原则，在适当的时间、适当的地点，以适当的方式来履行。

（2）建设工程合同履行的规则

① 合同内容约定不明确时的履行规则

《中华人民共和国合同法》第 61 条和 62 条规定：合同生效后，当事人就质量、价款或者报酬、履行地点等内容没有约定或者约定不明确的，可以协议补充；不能达成补充协议的，按照合同有关条款或者交易习惯确定。如果仍然不能确定的，则按照以下规定履行：

（A）质量要求不明确的，按照国家标准、行业标准履行；没有国家标准、行业标准的，按照通常标准或者符合合同目的的特定标准履行。

（B）价款或报酬约定不明确的，按照订立合同时履行地的市场价格履行；依法应当执行政府定价或政府指导价的，按照规定履行。

（C）履行地点不明确的、给付货币的，在接受货币的一方所在地履行；交付不动产的，在不动产所在地履行；其他标的，在履行义务一方所在地履行。

（D）履行期限不明确的，债务人可以随时履行，债权人也可以随时要求履行给对方必要的准备时间。

（E）履行方式不明确的，按照有利于实现合同目的的方式履行。

(F) 履行费用的负担不明确的，由履行义务一方负担。

②合同涉及第三人时的履行规则

《中华人民共和国合同法》规定，当事人约定由债务人向第三人履行债务的，债务人未向第三人履行或者履行债务不符合约定，应当向债权人承担违约责任。当事人约定由第三人向债权人履行债务的，第三人不履行债务或者履行债务不符合约定，债务人应当向债权人承担违约责任。

③当事人发生变更时的履行规则

当事人发生变更主要指当事人的名称或法定代表人发生变化以及当事人合并或分立的情况。

当事人名称或法定代表人变更不会对合同的效力产生影响。订立合同后当事人与其他法人或组织合并，合同的权利和义务由合并后的新法人或组织继承，合同仍然有效；订立合同后分立的，分立的当事人应及时通知对方，并告知合同权利和义务的继承人，双方可以重新协商合同的履行方式。

由于建设工程合同的当事人通常会有特殊要求，如资质等级、资格等，如果合并或分立后的继承人不再具备相应的资质等级和资格，另一方可以要求解除合同。

④提前履行和部分履行的规则

《中华人民共和国合同法》第 71 条和 72 条规定，债权人可以拒绝债务人提前履行债务，但是提前履行不损害债权人利益的除外。债务人提前履行债务给债权人增加的费用，由债务人承担。债权人可以拒绝债务人部分履行债务，但是部分履行不损害债权人利益的除外。债务人部分履行债务给债权人增加的费用，由债务人承担。

4）建设工程合同的变更

由于建设工程合同履行的期限长，涉及范围广，影响因素多，因此，一份建设工程合同签约时考虑得再全面，履行时也免不了因工程实施条件及环境的变化而需对合同约定的事项进行修正，即对建设工程合同的内容进行变更。

《中华人民共和国合同法》规定："当事人协商一致，可以变更合同。"建设工程合同的变更是通过工程签证来加以确认的，实际上就是工程承发包双方在施工过程中对支付各种费用、延长工期、赔偿损失等事项所达成的补充协议。工程签证是双方协商一致的结果，是对原合同进行变更的法律行为，具有与原合同同等的法律效力，并构成整个工程合同的组成部分。工程签证的范围、权限、程序等问题都应在建设工程合同中加以确定，我国原建设部、国家工商行政管理总局颁布的《建设工程施工合同》示范文本及 FIDIC 合同条款中，对此都有相应的规定。

合同的变更仅对变更后未履行的部分有效，而对已履行的部分无溯及力，当合同的变更使当事人一方受到经济损失，受损一方可向另一方当事人要求损失赔偿。

5）建设工程合同的终止

合同的终止是指因发生法律规定或当事人约定的情况，使当事人之间的权利义务关系消失，从而使合同终止法律效力。

合同终止的原因有很多，比较常见的有两种：一种是合同双方已经按照约定履行完合同，合同自然终止；还有一种是发生法律规定或当事人约定的情况，或经当事人协商一致，而使合同关系终止，称为合同解除。合同解除可以有两种方式：合意解除和法定解除。合意解除是指根据当事人事先约定的情况或经当事人协商一致而解除合同；而法定解除是指根据法律规定而解除合同。

在建设工程合同履行的过程中，如有下列情形之一的，发包人和承包人可以解除合同：

（1）因不可抗力因素致使合同无法履行；

（2）因一方违约致使合同无法履行；

（3）双方协商一致同意解除合同的，如双方都认为没必要再继续履行，继续履行下去，只会导致更大的损失的情况等，双方可合意解除合同；

（4）承包商或业主自身破产或无力偿还债务的。

合同终止后，合同双方都应当遵循诚实信用原则，履行通知、保密等义务。

6）违约责任

违约责任是指当事人违反合同义务所应承担的民事责任。《中华人民共和国合同法》规定，当事人一方不履行合同义务或履行合同义务不符合规定的，应当承担继续履行、采取补救措施或者赔偿损失的违约责任。当事人双方都违反合同的，应当各自承担相应的责任。

当事人违约后，承担违约责任的方式，主要有以下几种：

（1）继续履行

继续履行，又称实际履行或强制实际履行，是指合同当事人一方请求人民法院或仲裁机构强制违约方实际履行合同义务。

（2）补救措施

补救措施是指当事人一方履行合同义务不符合规定的，对方可以请求人民法院或仲裁机构强制其在继续履行合同义务的同时采取补救履行措施。

（3）赔偿损失

当事人一方不履行义务或履行义务不符合约定的。在继续履行义务或采取补救措施后，对方还有其他损失的，应当赔偿损失。

（4）支付违约金

违约金是当事人约定或法律规定，一方当事人违约时应当根据违约情况向对方支付的一定数额的货币。违约金的数额由当事人双方在合同中约定，若约定的违约金数额低于造成损失的，可以请求人民法院或仲裁机构予以增加；约定的违约金过分高于实际造成的损失的，可以请求人民法院或仲裁机构予以适当减少。违约金本身就是对损失的赔偿，所以违约金与赔偿损失不能并用。

（5）支付定金

当事人可以约定一方向另一方支付定金作为合同订立或履行的担保，如果给付定金的一方违约，无权要求返还定金；收受定金的一方违约，应当双倍返还定金。违约金和定金不能并用。

7）合同争议的解决

合同争议，也称合同纠纷，是指合同双方当事人对合同规定的权利和义务产生了不同的解决方式。

《中华人民共和国合同法》规定的争议解决办法主要有四种：和解、调解、仲裁和诉讼：

（1）和解

是指合同纠纷当事人在自愿友好的基础上，互相沟通、互相谅解，从而达成和解协议，解决纠纷的方法。

（2）调解

是指合同当事人在有关主管部门或其他第三方的主持下，互相作出适当的让步，达成调解协议，解决纠纷的方法。

（3）仲裁

是当事人双方在争议发生前或争议发生后达成协议，自愿将争议交给协议中写明的仲裁庭作出裁决，并负有自动履行义务的一种解决争议的方法。这种争议的解决方式必须是自愿的，因此必须有仲裁协议。仲裁遵循一裁终局原则，裁决后即为最终决定，必须执行。

（4）诉讼

是指合同当事人依法请求人民法院行使审判权，审理双方之间发生的合同争议，作出有国家强制保证实现其合法权益，从而解决纠纷的审判活动。这是解决合同争议的最终方式。

8）建设工程设计合同

建设工程设计合同，是发包人与承包人为完成一定的勘察、设计任务，明确双方权利、义务关系的协议。承包人应当完成委托人委托的勘察、设计任务，发包人则应接受符合约定要求的勘察、设计成果并支付报酬。

建设工程勘察、设计合同的发包人一般是建设单位或工程总承包单位，承包人是持有建设行政主管部门颁发的工程勘察、设计资质证书的勘察、设计单位。合同的发包人、承包人均应具有法人地位。

2000年3月，建设部和工商行政管理局修订和颁布了新的建设工程设计合同示范文本。新的示范文本分为两种：一种是《建设工程设计合同（示范文本）（一）》（GF—2000—0209）[①]，共8条26款，适用于民用建设工程设计合同，另

---

① 详见本章附录：建设工程设计合同（一）文件范本。

一种是《建设工程设计合同（示范文本）（二）》（GF—2000—0210），共 12 条 32 款，适用于专用建设工程设计合同。这两个示范文本采用的是填空式文本，即合同示范文本的编制者将勘察、设计中共性的内容抽出来编写成固定的条款，但对于一些需要在具体勘察、设计任务中明确的内容则是留下空格由合同当事人在订立合同时填写。

根据《合同法》及《建设工程设计合同（示范文本）（一）》（GF—2000—0209）、《建设工程设计合同（示范文本）（二）》（GF—2000—0210），一份比较完整的建设工程设计合同应具备如下条款：

(1) 合同签订依据。

(2) 设计依据。

(3) 合同文件的优先次序。

(4) 合同设计项目的内容。合同设计项目的内容一般包括名称、规模、阶段、投资及设计费等。

(5) 发包人向设计人提交的有关资料、文件及时间。委托初步设计的，应提供经过批准的设计任务书、选址报告和原料（或经过批准的资源报告）、燃料、水、电、运输等方面的协议文件以及能满足初步设计要求的技术资料等。委托施工图设计的，应提供经过批准的初步设计文件和能满足施工图设计要求的勘察资料、施工条件，以及有关设备的技术资料。

(6) 设计人向发包人交付的设计文件、份数、地点及时间。设计人提交的文件一般包括：初步设计文件、技术设计文件、施工图设计文件、工程概算文件和材料设备清单等。

(7) 费用。设计人应当明确约定设计费的性质是否为估算设计费。如果为估算，则双方在初步设计审批后，应当按批准的初步设计概算核算设计费，多退少补。工程建设期间如遇概算调整，则设计费也应作相应调整。

(8) 费用支付方式。

(9) 发包人、设计人的义务。

(10) 违约责任。

(11) 合同纠纷解决方式。

(12) 版权保护约定。

(13) 合同生效及终止。

除原建设部和国家工商行政管理总局共同制定的建设工程设计合同示范文本 GF—2000—0209 和 GF—2000—0210 之外，有些省市还制定有适用于本地区的建设工程设计合同示范文本。例如，北京市规划委员会和北京市工商行政管理局就共同制定了《北京市建设工程设计合同（示范文本）（BF—2002—0212）》，北京市的建设工程设计项目签订建设工程设计合同时，既可用北京市制定的合同示范文本，又可用原建设部和国家工商行政管理总局共同制定的合同示范文本。

GF—2000—0209

建设工程设计合同（一）
（民用建设工程设计合同）

工程名称：_____

工程地点：_____

合同编号：_____

（由设计人编填）

设计证书等级：_____

发包人：_____

设计人：_____

签订日期：_____

中华人民共和国建设部
国家工商行政管理局　　　　监制

发包人：--

设计人：--

发包人委托设计人承担_____工程设计，经双方协商一致，签订本合同。

第一条　本合同依据下列文件签订：

1.1　《中华人民共和国合同法》、《中华人民共和国建筑法》、《建设工程勘察设计市场管理规定》。

1.2　国家及地方有关建设工程勘察设计管理法规和规章。

1.3　建设工程批准文件。

第二条　本合同设计项目的内容：名称、规模、阶段、投资及设计费等见下表。

序号	分项目名称	建设规模		设计阶段及内容			估算总投资	费率%	估算设计费（元）
		层数	建筑面积（m²）	方案	初步设计	施工图			
说明									

第三条　发包人应向设计人提交的有关资料及文件：

序号	资料及文件名称	份数	提交日期	有关事宜

第四条　设计人应向发包人交付的设计资料及文件：

序号	资料及文件名称	份数	提交日期	有关事宜

第五条　本合同设计收费估算为 ＿＿＿＿＿＿＿＿＿＿＿＿ 元人民币。设计费支付进度详见下表。

付费次序	占总设计费%	付费额（元）	付费时间（由交付设计文件所决定）
第一次付费	20%定金		
第二次付费			
第三次付费			
第四次付费			
第五次付费			

说明：

1. 提交各阶段设计文件的同时支付各阶段设计费。

2. 在提交最后一部分施工图的同时结清全部设计费，不留尾款。

3. 实际设计费按初步设计概算（施工图设计概算）核定，多退少补。实际设计费与估算设计费出现差额时，双方另行签订补充协议。

4. 本合同履行后，定金抵作设计费。

第六条　双方责任

6.1　发包人责任：

6.1.1　发包人按本合同第三条规定的内容，在规定的时间内向设计人提交资料及文件，并对其完整性、正确性及时限负责，发包人不得要求设计人违反国家有关标准进行设计。发包人提交上述资料及文件超过规定期限15天以内，设计人按合同第四条规定交付设计文件时间顺延；超过规定期限15天以上时，设计人员有权重新确定提交设计文件的时间。

6.1.2　发包人变更委托设计项目、规模、条件或因提交的资料错误，或所提交资料作较大修改，以致造成设计人设计需返工时，双方除需另行协商签订补充协议（或另订合同）、重新明确有关条款外，发包人应按设计人所耗工作量向设计人增付设计费。

在未签合同前发包人已同意，设计人为发包人所做的各项设计工作，应按收费标准相应支付设计费。

6.1.3　发包人要求设计人比合同规定时间提前交付设计资料及文件时，如果设计人能够做到，发包人应根据设计人提前投入的工作量，向设计人支付赶工费。

6.1.4　发包人应为派赴现场处理有关设计问题的工作人员，提供必要的工作生活及交通等方便条件。

6.1.5　发包人应保护设计人的投标书、设计方案、文件、资料图纸、数据、计算软件和专利技术。未经设计人同意，发包人对设计人交付的设计资料及文件不得擅自修改、复制或向第三人转让或用于本合同外的项目，如发生以上情况，发包人应负法律责任，设计人有权向发包人提出索赔。

6.2　设计人责任：

6.2.1　设计人应按国家技术规范、标准、规程及发包人提出的设计要求，进行工程设计，按合同规定的进度要求提交质量合格的设计资料，并对其负责。

6.2.2　设计人采用的主要技术标准是：_____。

6.2.3　设计合理使用年限为_____年。

6.2.4　设计人按本合同第二条和第四条规定的内容、进度及份数向发包人交付资料及文件。

6.2.5　设计人交付设计资料及文件后，按规定参加有关的设计审查，并根据审查结论负责对不超出原定范围的内容作必要调整补充。设计人按合同规定时限交付设计资料及文件，本年内项目开始施工，负责向发包人及施工单位进行设计交底、处理有关设计问题和参加竣工验收。在一年内项目尚未开始施工，设计人仍负责上述工作，但应按所需工作量向发包人适当收取咨询服务费，收费额由双方商定。

6.2.6　设计人应保护发包人的知识产权，不得向第三人泄露、转让发包人提交的产品图纸等技术经济资料。如发生以上情况并给发包人造成经济损失，发包人有权向设计人索赔。

第七条　违约责任：

7.1　在合同履行期间，发包人要求终止或解除合同，设计人未开始设计工作的，不退还发包人已付的定金；已开始设计工作的，发包人应根据设计人已进行的实际工作量，不足一半时，按该阶段设计费的一半支付；超过一半时，按该阶段设计费的全部支付。

7.2　发包人应按本合同第五条规定的金额和时间向设计人支付设计费，每逾期支付一天，应承担支付金额千分之二的逾期违约金。逾期超过30天以上时，设计人有权暂停履行下阶段工作，并书面通知发包人。发包人的上级或设计审批部门对设计文件不审批或本合同项目停缓建，发包人均按7.1条规定支付设计费。

7.3　设计人对设计资料及文件出现的遗漏或错误负责修改或补充。由于设计人员错误造成工程质量事故损失，设计人除负责采取补救措施外，应免收直接受损失部分的设计费。损失严重的根据损失的程度和设计人责任大小向发包人支付赔偿金，赔偿金由双方商定为实际损失的_____%。

7.4　由于设计人自身原因，延误了按本合同第四条规定的设计资料及设计文件的交付时间，每延误一天，应减收该项目应收设计费的千分之二。

7.5　合同生效后，设计人要求终止或解除合同，设计人应双倍返还定金。

第八条　其他

8.1　发包人要求设计人派专人留驻施工现场进行配合与解决有关问题时，双方应另行签订补充协议或技术咨询服务合同。

8.2　设计人为本合同项目所采用的国家或地方标准图，由发包人自费向有关出版部门购买。本合同第四条规定设计人交付的设计资料及文件份数超过《工程设计收费标准》规定的份数，设计人另收工本费。

8.3 本工程设计资料及文件中，建筑材料、建筑构配件和设备应当注明其规格、型号、性能等技术指标，设计人不得指定生产厂、供应商。发包人需要设计人的设计人员配合加工定货时，所需要费用由发包人承担。

8.4 发包人委托设计配合引进项目的设计任务，从询价、对外谈判、国内外技术考察直至建成投产的各个阶段，应吸收承担有关设计任务的设计人参加。出国费用，除制装费外，其他费用由发包人支付。

8.5 发包人委托设计人承担本合同内容之外的工作服务，另行支付费用。

8.6 由于不可抗力因素致使合同无法履行时，双方应及时协商解决。

8.7 本合同发生争议，双方当事人应及时协商解决。也可由当地建设行政主管部门调解，调解不成时，双方当事人同意由_____仲裁委员会仲裁。双方当事人未在合同中约定仲裁机构，事后又未达成仲裁书面协议的，可向人民法院起诉。

8.8 本合同一式_____份，发包人_____份，设计人_____份。

8.9 本合同经双方签章并在发包人向设计人支付订金后生效。

8.10 本合同生效后，按规定到项目所在省级建设行政主管部门规定的审查部门备案。双方认为必要时，到项目所在地工商行政管理部门申请鉴证。双方履行完合同规定的义务后，本合同即行终止。

8.11 本合同未尽事宜，双方可签订补充协议，有关协议及双方认可的来往电报、传真、会议纪要等，均为本合同组成部分，与本合同具有同等法律效力。

8.12 其他约定事项：_____。

发包人名称：	设计人名称：
（盖章）	（盖章）
法定代表人：（签字）	法定代表人：（签字）
委托代理人：（签字）	委托代理人：（签字）
住　　所：	住　　所：
邮政编码：	邮政编码：
电　　话：	电　　话：
传　　真：	传　　真：
开户银行：	开户银行：
银行账号：	银行账号：
建设行政主管部门备案：	鉴证意见：
（盖章）	（盖章）
备案号：	经办人：
备案日期：　年　月　日	鉴证日期：　年　月　日

Chapter4 Basic Construction Procedures

第 4 章 基本建设程序

第 4 章　基本建设程序

工程项目的基本建设程序是指在工程项目的整个建设过程中，各项工作必须遵循的先后次序和相互关系。我国目前的工程建设基本程序大体可以分为项目建设前期、建设项目设计、建设项目施工和建设项目使用四个阶段。

建设项目前期也叫决策分析时期，主要包括投资机会研究、可行性研究和评估决策三个环节。投资机会研究和可行性研究通常由项目建设单位委托有相应资质的机构进行，研究论证后需分别编制项目建议书和可行性研究报告；评估决策则是由项目审批部门组织专家对项目可行性进行论证，再根据评估报告作出最终决策。

在工程设计阶段，建设单位应委托具有设计资质的工程设计单位，编制建设工程设计文件。工程设计通常分为方案设计、初步设计和施工图设计三个阶段，《建筑工程设计文件编制深度规定》对各阶段的工作深度有明确规定。

工程实施阶段是将工程建设项目的蓝图实现为固定资产的过程，具体可划分成施工准备、组织施工和竣工验收三个步骤。建设项目投产后评价是工程竣工投产、生产运营一段时间后，对项目进行系统评价的一种技术经济活动，是工程建设程序的最后一个环节。

4.1　基本建设程序

工程项目的基本建设程序是指工程项目从策划、评估、立项、设计、施工到验收、投产的整个建设过程中，各项工作必须遵循的先后次序和相互关系，也是工程建设各个环节相互衔接的顺序。它反映基本建设工作的内在联系，是从事基本建设工作的部门和人员必须遵守的行动准则。

工程建设活动是社会化生产，它具有产品体积庞大、建造场所固定、建设周期长、占用资源多的特点，牵涉面很广，内外协作关系复杂，且存在着活动空间有限和后续工作无法提前进行的矛盾。这就要求工程建设必须分阶段、按步骤地进行。这种规律是不可违反的，否则将会造成严重的资源浪费和经济损失。所以，世界各国对这一规律都十分重视，都对之进行了认真探索研究，很多国家还将研究成果以法律的形式固定下来，强迫人们在从事工程建设活动时遵守，我国也制定颁布了不少有关工程建设程序方面的法规。

我国最初的基本建设程序是 1952 年由原政务院财政经济委员会颁布的《基本建设工作暂行办法》，基本是前苏联管理模式和方法的翻版。随着各项建设事业的发展，基本建设程序也在不断变化，逐步完善。目前我国工程建设程序方面的法规还多是部门规章和规范性文件，主要有：原国家计划委员会、原国家建设委员会、财政部联合颁布的《关于基本建设程序的若干规定》(1978 年)，《关于简化基本建设项目审批手续的通知》(1982 年)、《关于颁发建设项目进行可行性研究的试行管理办法的通知》(1983 年)、《关于编制建设前期工程计划的通知》(1984 年)、《关于建设项目经济评价工作的暂行规定》(1987 年)、《关于大型和限额以上固定资产投资项目建议书审批问题的通知》(1988 年)、《工程建设项目实施阶段程序管理暂行规定》(1994 年)、《工程建设项目报建管理办法》(1994 年) 等规范性文件。此外，在《中华人民共和国土地法》、《中华人民共和国城市规划法》、《中华人民共和国建筑法》等法律中，也有关于工程建设程序的一些规定。

项目的建设程序是工程建设过程客观规律的反映，是建设项目科学决策和顺利进行的重要保证。按照上述法规的规定与要求，我国目前的工程建设基本程序大体可以分为四个阶段：

(1) 建设项目前期阶段，是开拓投资项目，并对项目进行规划、考察和进行决策的时期。这一阶段的工作包括编制项目建议书、可行性研究和项目评估与决策三个主要环节。

(2) 建设项目设计阶段，是对建设工程在技术上和经济上所进行的全面而详尽的安排，是基本建设项目的具体化，是组织施工的依据，直接关系着工程质量和将来的使用效果。这一阶段包括设计方案招投标、建筑初步设计和建筑施工图设计三个主要环节。

(3) 建设项目施工阶段，是建设项目的具体实现过程。包括施工前准备、组织施工和竣工验收等环节。

(4) 建设项目使用阶段，是建设项目的最终目标，也是项目价值的体现与检验过程。包括投产使用和项目后评价两个阶段。

建设程序的每一个环节都以它的某种可交付成果的完成为标志。而前一阶段的可交付成果通常经批准后才能开始下一阶段的工作。以民用建设项目为例，各个阶段的衔接关系及行为主体如图 4-1 所示。

4.2 工程项目建设前期

工程项目建设前期，也叫决策分析时期，主要是开拓投资项目，并对项目进行规划、考察和进行决策的时期。工程项目建设前期是工程建设时期和生产时期的基础，它直接决定了投资项目的经济效益以及对国民经济所产生的影响，是决定项目命运的关键时期。

可行性研究是工程建设前期的主要工作内容，是建设项目投资决策前进行技术经济论证的关键环节，为决策者提供是否选择该项目进行投资的依据。可行性

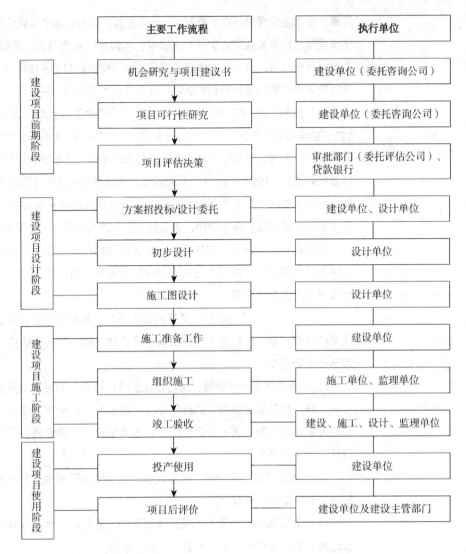

主要工作流程	执行单位
机会研究与项目建议书	建设单位（委托咨询公司）
项目可行性研究	建设单位（委托咨询公司）
项目评估决策	审批部门（委托评估公司）、贷款银行
方案招投标/设计委托	建设单位、设计单位
初步设计	设计单位
施工图设计	设计单位
施工准备工作	建设单位
组织施工	施工单位、监理单位
竣工验收	建设、施工、设计、监理单位
投产使用	建设单位
项目后评价	建设单位及建设主管部门

（左侧阶段标注：建设项目前期阶段、建设项目设计阶段、建设项目施工阶段、建设项目使用阶段）

图4-1 基本建设程序简图

研究的任务是综合论证一项建设项目在市场发展的前景，技术上的先进性和可行性，财务上的实施可能性，经济上的合理性和有效性。

根据不同的需要，可行性研究可以一次完成，也可分阶段进行。这主要取决于投资决策的需要，以及可行性研究的时间和费用。工业发达国家的可行性研究依照研究任务和深度的不同，划分为机会研究、初步可行性研究、详细可行性研究三个阶段，同时根据需要可能增加必要的辅助研究和专题研究。

我国的投资决策程序通常将初步可行性研究划为项目建议书阶段，详细可行性研究则简称可行性研究。

项目建议书阶段，可行性研究阶段，再加上决策机构的评估决策阶段，构成了我国现行的投资决策程序中的三个基本程序：

(1) 提出项目建议书

这一阶段是由项目主管部门或建设单位依据国民经济和社会发展的长远规划，结合行业和地区规划要求，自然条件与生产力布局状况通过调查、预测和分析研究，选择项目，决定投资意向。之后，对投资意向进行必要性和建设可行性的初步分析，提出项目建议书，上报有关部门对投资项目进行初步决策。

(2) 可行性研究

项目建议书经过批准，即为项目立项，纳入投资前期工作计划的贷款计划。此时，项目承担单位委托有资格的设计机构或者工程咨询单位，依照批准的项目建议书，按照国家有关规定对项目进行可行性研究，作出全面分析论证，并编写可行性研究报告，上报有关部门进行最终决策。

(3) 评估决策

由投资决策部门和贷款机构委托咨询机构或者组织专家小组，对项目的可行性研究报告进行审查，分析衡量项目建设和投产成果的利弊得失，论证和估算项目的社会经济效益，提出项目评估报告，然后由投资决策机构对投资项目作出最终决策。

4.2.1　项目建议书

项目建议书是在投资机会研究和建设可行性的初步分析之后，由拟建项目的承担单位用文字形式，对投资项目的轮廓进行描述，从宏观上就项目建设的必要性和可能性提出预论证，作出项目的投资建议和初步设想，以作为政府主管部门选择投资项目的初步决策依据和进行可行性研究的基础。对于涉及利用外资的项目，项目建议书还应从宏观上论述合资、独资项目设立的必要性和可能性。在项目批准立项后，项目建设单位方可正式对外开展工作，编写可行性研究报告。

1) 项目建议书的编写

项目建议书一般由业主委托咨询单位或设计单位负责编写，其内容根据项目的不同而有所不同，但基本建设项目一般应包括以下几方面：

(1) 投资项目建设的必要性和依据

阐明拟建项目提出的背景、拟建地点，提出与项目有关的长远规划或行业、地区规划资料，说明项目建设的必要性；对改扩建项目要说明现有企业概况；对于引进技术和设备的项目，还需要说明国内外技术的差距、进口理由、工艺流程和生产条件的概要等。

(2) 产品方案、拟建规模、建设地点的初步设想

预测产品市场，包括国内外同类产品的生产能力、销售方向和销售价格的初步分析等；确定一次建设规模和分期建设的设想，以及对拟建规模经济合理性的评价；设想产品方案，包括主要产品和副产品的规格、标准等；分析项目拟建地

点的自然条件和社会条件，建设地点是否符合地区规划的要求。

（3）资源情况、交通运输及其他建设条件和协作关系的初步分析

拟利用资源供应的可能性和可靠性；主要协作条件情况、项目拟建地点水电及其他公用设施、地方材料的供应情况分析；对于技术引进和设备进口项目应说明主要原材料、电力、燃料、交通运输及协作配套等方面的近期和远期要求，以及目前已具备的条件和资源落实情况。

（4）环境保护

包括环境现状，预测项目对环境的影响，"三废"治理的初步方案。

（5）主要工艺技术方案的设想

说明主要生产技术与工艺和主要专用设备来源。若拟引进国外技术或设备，应详细说明国内技术与之相比存在的差距、技术来源、技术鉴定、技术转让以及国外厂商概况等。

（6）投资估算和资金筹措设想

投资估算根据掌握数据的情况而定，可详细估算，也可按单位生产能力或类似企业情况进行框算，估算中应包括建设期利息、投资方向调节税和考虑一定时期内的涨价影响因素；资金筹措计划中应说明资金来源，利用贷款的需要附上贷款意向书，分析贷款条件及利率，说明偿还方式，测算偿还能力；对于技术引进和设备进口项目还要估算外汇总用汇额、资金来源与偿还方式。

（7）项目的进度安排

建设前期的工作计划，包括涉外项目的询价、考察、谈判设计等进度粗略计划，项目建设所需要的时间等。

（8）经济效果和社会效益的初步估计

计算项目全部投资的内部收益率、贷款偿还期等指标，进行盈利能力、清偿能力的初步分析。项目的社会效益和社会影响的初步分析。

（9）有关的初步结论和建议

在项目建议书的编写过程中，应当注意如下几个要点：

（1）项目是否符合国家的建设方针和长期规划，以及产业结构调整的方向和范围；

（2）项目产品是否符合市场需要，论证的理由是否充分；

（3）项目建设地点是否合适，有无重复建设与不合理布局的现象；

（4）项目的财务、经济效益评价是否合理。

2）项目建议书的审批

按国家有关规定，大中型基本建设项目、限额以上技术改造项目、技术引进和设备进口项目的项目建议书，按企业隶属关系，先送省、市、自治区、计划单列市或国务院主管部门审查后，由国家发改委审批；重大项目，技术改造引进项目总投资在限额以上的项目，由国家发改委报国务院审批；需要由银行贷款的项

目，要由银行总行会签；技改内容简单的，外部协作条件变化不大的，无需从国外引进技术和进口设备的限额以上项目，由省、市、自治区审批，国家发改委只作备案。小型基本建设项目、限额以下技术改造项目，按企业隶属关系，由国务院主管部门或省、市、自治区发改委审批，实行分级管理。

1992年国务院颁布的《全民所有制工业企业转换经营机制条例》规定：企业遵照国家的产业政策和行业、地区发展规划，以自有资金或自行筹措的资金从事生产性建设，能够自行解决建设和生产条件的，由企业自主决定立项，在政府有关部门备案。随着国有资产管理体制的改革，国家将有选择地将一批大型企业集团的集团公司授权为国有资产的投资机构。国家授权的投资机构在批准的长期发展计划之内，可自主决定投资项目立项。

项目建议书经批准，称为"立项"，项目可纳入项目建设前期工作计划，列入前期工作计划的项目可开展可行性研究。立项仅说明一个项目有投资的必要性，但尚须进一步开展研究论证。

4.2.2 可行性研究

按照批准的项目建议书，项目承办单位即应委托有资格的设计机构或工程咨询单位，按照国家的有关规定进行项目的可行性研究。

可行性研究是一种系统的投资决策分析研究方法，是项目投资决策前，对拟建项目的所有方面（工程、技术、经济、财务、生产、销售、环境、法律等）进行全面的、综合的调查研究，对备选方案从技术的先进性、生产的可行性、建设的可能性、经济的合理性等方面进行比较评价，从中选出最佳方案的研究方法。

1）可行性研究的作用

可行性研究是项目决策的基础和依据，是科学地进行工程项目建设，提高经济效益的主要手段，是投资项目建设前期研究工作的关键环节。它从宏观上可以控制投资的规模和方向，改进项目管理；微观上可以减少投资决策失误，提高投资效果。其具体作用如下：

（1）是建设项目投资决策的依据

由于可行性研究对建设项目各个方面都进行调查、研究和分析，并以大量数据论证了项目在社会、技术、经济以及其他方面的可行性与合理性，是建设项目投资建设的首要环节。项目主管机关主要是根据项目可行性研究的评价结果，结合国家的财政经济条件和国民经济发展的需要，作出此项目是否应该投资和如何进行投资的决定。

（2）是建设项目的设计依据

在现行的规定中，虽然可行性研究与项目设计文件的编制是分别进行的，但项目的设计要严格按批准的可行性研究的报告内容进行，不得随意改变可行性研究报告中已确定的规模、方案、标准、厂址及投资额等控制性指标；项目设计中的新技术、新设备也必须经可行性研究论证才能采用。因此，可行性研究是编制设计任务书并进行设计的依据。

(3) 是筹集资金向银行申请贷款的依据

银行在接到建设单位的建设工程项目贷款申请后，需通过审查项目可行性研究报告，确认了项目的经济效益水平和偿还能力，银行并无过大风险时，才能同意贷款。这对合理利用资金，提高投资的经济效益具有积极作用。

(4) 是向当地政府、规划部门、环境保护部门申请开工建设手续的依据

可行性研究报告经审查，符合市政当局的规定或经济立法，对污染处理得当时，方能发给建设执照。

(5) 是该项目工程建设的基础资料

建设项目的可行性研究报告，是项目工程建设的重要基础资料。对项目进行过程中的技术性更改，应认真分析其对项目经济效益指标的影响程度。

(6) 是对该项目考核的依据

建设项目竣工，正式投产后的生产考核应以可行性研究所制订的生产纲领、技术标准以及经济效果指标作为考核标准。

2) 可行性研究的依据

拟建项目的可行性研究，必须在国家有关的规划、政策、法规的指导下完成，还要有相应的技术资料支持。其主要依据有：

(1) 国家有关的发展规划、计划文件，以及地方经济建设的方针、政策；

(2) 项目建议书及其审批文件；

(3) 国家批准的资源报告和区域国土开发整治规划，项目拟建地区的规划；

(4) 拟建地区的自然、社会、经济和文化等基础资料；

(5) 项目法人与有关方面达成的协议；

(6) 国家或地方颁布的与项目建设有关的法规、定额；

(7) 市场调查报告；

(8) 主要工艺和设备的技术资料；

(9) 国家公布的编制可行性研究报告的内容、编制程序、评价方法和参数等。

3) 可行性研究应遵循的基本原则

可行性研究工作在建设过程中起着极其重要的作用，为此，必须严格遵循以下三个原则：

(1) 科学性原则

这是可行性研究工作必须遵循的最基本的原则。遵循这一原则，要做到用科学的方法和认真的态度来收集、分析原始资料，以确保它们的真实和可靠，每一项技术与经济的决定，都有科学的依据。可行性研究报告和结论必须是分析研究

过程合乎逻辑的结果。

（2）客观性原则

也就是要坚持从实际出发、实事求是的原则。建设项目的可行性研究，是根据建设的要求与具体条件进行分析和论证而得出可行或不可行的结论。这就要求在可行性研究过程中正确地认识各种建设条件，从实际出发，实事求是地运用客观的资料作出符合科学的决定和结论。

（3）公正性原则

在建设项目可行性研究的工作中，应该把国家和人民的利益放在首位，不为任何单位或个人而生偏私之心，不为任何利益或压力所驱动。实际上，只有坚持科学性与客观性原则，不弄虚作假，才能够保证可行性研究工作的正确和公正，从而为项目的投资决策提供可靠依据，不掺杂任何主观成分。

4）可行性研究的内容

由于行业差异，各类投资项目进行可行性研究的内容及其侧重点都不尽相同，但一般应包括以下内容：

（1）投资必要性研究

主要根据市场调查及预测的结果，以及有关的产业政策等因素，论证项目投资建设的必要性。在投资必要性的论证上，一是要做好投资环境的分析，对各种构成要素进行全面的分析论证；二是要做好市场研究，如市场供求预测、竞争力分析、价格分析、市场细分、定位及营销策略论证。

（2）技术可行性研究

主要从项目实施的技术角度，合理设计技术方案，进行比较选择和评价。各行业不同项目技术可行性的研究内容及深度差别很大。对于工业项目，可行性研究的技术论证应达到能够比较明确地提出设备清单的深度；对于各种非工业项目，技术方案的论证也应达到目前工程方案初步设计的深度。

（3）财务可行性研究

主要从项目及投资者的角度合理设计财务方案，进行资本预算，评价项目的财务盈利能力，进行投资决策。

（4）组织可行性研究

制定合理的项目实施进度计划、设计合理的组织机构、建立良好的协作关系、制定合适的培训计划等，保证项目顺利进行。

（5）经济可行性研究

主要从资源配置的角度衡量项目的价值，评价项目在实现区域经济发展目标、有效配置经济资源、增加供应、创造就业、改善环境、提高人民生活等方面的效益。

（6）社会可行性研究

主要分析项目对社会的影响，包括政治体制、方针政策、经济结构、法律道德、宗教民族、妇女儿童及社会稳定性等。

(7) 环境可行性研究

主要对项目建设地区的环境状况进行调查，分析拟建项目对环境影响的范围和程度，评价项目对环境的影响，提出处理方案。

(8) 风险因素及对策研究

主要对项目的市场风险、技术风险、财务风险、组织风险、法律风险、经济及社会风险等风险因素进行评价，制定规避风险的对策，为项目全过程的风险管理提供依据。

5) 可行性研究报告的编写

可行性研究报告是根据项目可行性研究成果编制的书面报告，是可行性研究人员向投资者和相关主管部门进行汇报或交流的基本形式和投资决策的主要依据。可行性研究报告的编写具有相对固定的模式，通常应该包括以下几个部分：

(1) 总论

总论部分应综述项目概况，可行性研究的结论概要和存在的主要问题与建议。具体内容包括以下四个方面：

① 项目提出的背景和依据

要从宏观和微观两个方面介绍项目提出的背景，也就是说项目实施的目的；还要表明项目是依据哪些文件而成立的，一般包括项目建议书的批复、选址意见书及其他有关各级政府、政府职能部门、主管部门、投资者的批复、文件和协议(或意向) 等，以考察该项目是否符合规定的投资决策程序。

② 投资者概况

投资者概况包括投资者的名称、法定地址、法定代表人、注册资本、资产和负债情况、经营范围和经营概况，建设和管理拟建项目的经验，以考察投资者是否具备实施拟建项目的经济技术实力。

③ 项目概况

包括项目的名称、性质、地址、法人代表、占地面积、建筑面积、覆盖率、容积率、建设内容、投资和收益情况等。

④ 可行性研究报告编制依据和研究内容

编制依据一般包括有关部门颁布的关于可行性研究的内容和方法的规定、条例；关于技术标准和投资估算方法的规定；投资者已经进行的前期工作和办理的各种手续；市场调查研究资料；其他有关信息资料等。可行性研究的内容一般包括市场、资源、技术、经济和社会等五大方面。

(2) 市场预测与拟建规模

调查国内外市场近期需求状况，对未来趋势进行预测；对国内现有企业生产能力进行调查估计，进行产品销售预测、价格分析，判断产品的市场竞争能力及进入国际市场的前景；确定拟建项目的规模，对产品方案进行技术论证比较。

（3）场址选择

场址选择包括建设区域的选择和项目具体建设地点的选择，要对拟建地点的地理位置、气象、水文、地质、地形条件和社会经济现状，交通运输及水、电、气的现状和发展趋势进行分析比较。

（4）资源、原材料、燃料及公用设施情况

所需能源动力（水、电、气等）公用设施的数量、供应条件、外部协作条件，以及签订协议和合同的情况。工业项目还包括：资源储量、品位、成分以及开采、利用条件的评述，所需原料、辅助材料、燃料的种类、数量、质量及其来源和供应的条件，有毒、有害及危险品的种类、数量和储运条件。

（5）项目设计方案

在选定地建设地点内进行总平面设计、工艺设计和建筑设计，进行方案比较和选择；确定项目的构成范围，单项工程的组成；估算项目的工程量，选择土建工程布置方案；比较主要设备选型方案和建设工艺；选择、比较引进技术及设备方案。

（6）环境保护与劳动安全

调查项目建设区域的环境状况，分析拟建项目"三废"（废气、废水、废渣）的种类、成分和数量，并预测其对环境的影响；提出治理方案，对环境影响进行评价；提出劳动保护、安全生产、城市规划、防震、防洪、防空、文物保护等要求及采取相应的措施方案，并评价该方案的可靠性和经济性。

国家规定，凡从事对环境有影响的建设项目都必须执行环境影响报告书的审批制度。同时，在可行性研究报告中，对环境保护和劳动安全要有专门论述。

（7）企业组织、劳动定员和人员培训

根据项目规模、项目组成和工艺流程，研究并提出相应的企业组织结构、劳动定员总数、劳动力来源及相应的人员培训计划。

（8）项目施工计划和进度要求

项目施工计划和进度安排也是可行性研究报告中的一个重要组成部分。它要求根据勘察设计、工程施工、安装、试生产所需时间与进度要求，选择项目实施方案和总进度。包括项目实施准备、资金筹集安排、勘察设计和订货准备、施工准备、施工和生产准备、试运转直到竣工验收和交付使用等各工作阶段。这些阶段的各项投资活动和各个工作环节，有些是相互影响、前后紧密衔接的，也有些是同时开展而又相互交叉进行的。因此，在可行性研究阶段，需将项目实施时期各个阶段的各个工作环节进行统一规划，综合平衡，作出合理又切实可行的安排。

（9）投资估算和资金筹措

包括项目总投资估算，流动资金的估算和生产成本的计算；资金来源、筹措方式、各种资金来源所占的比例、资金成本及贷款的偿付方式和期限。

（10）项目的效益评价

从国民经济角度和社会效益角度对项目进行分析，评价项目对实现社会目标的贡献。

(11) 综合评价与结论、建议

运用各项数据，从技术、经济、社会、财务等各个方面综合论述项目的可行性，作出明确结论；针对项目所遇到的问题，提出一些建设性意见和建议。

为保证可行性研究的工作质量，承担可行性研究工作的单位必须是具有法人资格的咨询单位或设计单位，而且必须经过国家有关机关的资质审定，取得承担可行性研究的资格；如果有多个单位共同完成一项可行性研究工作，则必须有一个单位负总责任。

此外，在进行可行性研究时还应确保足够的工作周期，防止因各种原因造成的不负责任的草率行事。具体工作周期由委托单位与咨询设计单位在签订合同时协商确定。

6) 可行性研究报告的审批

对于可行性研究报告的审批，国家发改委现行规定如下：大中型建设项目的可行性研究报告，由各主管部门及各省、市、自治区或全国性专业公司负责预审，报国家发改委审批，或由国家发改委委托有关单位审批；重大项目及特殊项目的可行性研究报告，由国家发改委会同有关部门预审，报国务院审批；小型项目的可行性研究报告，按照隶属关系由各主管部门及各省、市、自治区或全国性事业公司审批。经可行性研究证明不可行的项目，经审定后即取消项目。

7) 可行性研究报告与项目建议书的区别

我国项目建设前期工作中的项目建议书和可行性研究报告，一般在研究范围和内容结构上基本相同。但因二者所处工作阶段的作用和要求不同，研究的目的和工作条件也不同，因此在研究的重点、深度和计算精度等方面有所区别：

(1) 研究的任务不同。项目建议书阶段的初步可行性研究的任务只是初步选择项目以决定是否需要进行下一步工作。所以主要是论证项目的必要性和建设条件是否具备，是从大的方面考虑有无可能；而在可行性研究报告编制阶段则必须进行全面深入的技术经济论证，做多方案比较，推荐最佳方案，或者否定该项目并提出充分理由，为最终的项目决策提供可靠的依据。

(2) 基础资料和依据不同。在项目建议书阶段的基本依据是国家的长远规划、行业及地区规划、产业政策，与拟建项目有关的自然资源条件和生产布局状况，项目主管部门的有关批文，以及初步的市场预测资料；而在可行性研究阶段，除了以批准的项目建议书作为依据外，还具有详细的设计资料和经过深入调查研究后掌握得翔实确凿的数据与资料作为依据。

(3) 内容的深浅程度不同。项目建议书阶段的工作不可能也不要求做得很细致，而只要求有一个大致的轮廓，因此其内容较为概略和简洁。而在可行性研究报告阶段则要确定技术设计方案，并且要做详细的动态分析评价等。

（4）投资估算的精度要求不同。项目建议书对总投资额的估算一般根据类似工程有关数据进行匡算即可，与实际发生的投资额差距较大；而可行性研究阶段，必须对项目所需的各项投资费用，包括固定资产投资、流动资金、建设期贷款利息、投资方向调节税和物价因素影响的投资额等分别进行比较详细切实的精确计算。

4.2.3　评估决策

项目评估是在可行性研究的基础上，在最终决策之前，对建设项目的市场、资源、技术、经济和社会等方面的问题进行再分析、再评价，以选择最佳投资方案的一种科学方法。项目评估是投资前期对工程项目进行的最后一项研究工作，也是建设项目必不可少的程序之一。

可行性研究报告的评估，由审批部门委托专门的评估机构、贷款银行或有关专家进行，需要从全局出发，在可行性研究的基础上，对项目建设的必要性、可靠性和可行性等各个方面作出全面审核和再评价，最后要对项目是否合理提出评估意见，编写评估报告。

对拟建项目可行性的评估，主要从三个方面进行：

（1）项目是否符合国家和地区的有关政策、法规；

（2）项目是否符合国家和地区的宏观经济意图，是否符合国民经济发展的长远规划、行业规划和国土规划的要求，布局是否合理；

（3）项目在工程技术上是否先进、适用，在经济和社会效益上是否合理有效。

项目评估具有十分重要的意义：

（1）项目评估是项目决策的重要依据。它虽然以可行性研究为基础，但由于立足点不同，考虑问题的角度不一样，往往可以弥补和纠正可行性研究的失误。

（2）项目评估是干预工程项目招投标的手段。通过项目评估，有关部门可以掌握项目的投资估算、筹资方式、贷款偿还能力、建设工期等重要数据，这些数据正是干预项目招投标的依据。

（3）项目评估是防范信贷风险的重要手段。我国工程建设项目的投资来源除了预算拨款（公益性项目、基础设施项目）、项目业主自筹资金之外，大部分为银行贷款。因此，项目评估对银行防范信贷风险具有极为重要的意义。

1）项目评估的依据

由于立场与侧重点不同，不同的项目评估机构，进行评估时的依据有所不同。通常，对工程咨询机构来说，进行项目评估的依据包括以下几个方面：

（1）项目建议书及其批准文件；

（2）可行性研究报告；

（3）报送单位的申请报告及主管部门的初审意见；

（4）项目（公司）章程、合同及批复文件；

（5）有关资源、原材料、燃料、水、电、交通、资金、组织征地、拆迁等项目建设与生产条件落实的有关批件或协议文件；

（6）项目资本金落实文件及各投资者出具的当年度资本金安排的承诺函；

（7）项目长期负债和短期借款等落实或审批文件，以及借款人出具的用综合效益偿还项目贷款的函件；

（8）必备的其他文件和资料。

而对于项目贷款机构来说，还需要补充以下文件资料作为评估的依据：

（1）借款人近三年的损益表、资产负债表和财务状况变动表；

（2）对于合资或合作投资项目，还需各方投资者近三年的损益表、资产负债表和财务状况变动表；

（3）项目保证人近三年的损益表、资产负债表和财务状况变动表；

（4）银行评审需要的其他文件。

2）项目评估的内容[①]

对工程项目可行性研究的评估，通常包含以下内容：

（1）必要性评估

从国民经济和社会发展的宏观角度论证项目建设的必要性；分析拟建项目是否符合国家宏观经济和社会发展意图；是否符合市场要求和国家规定的投资方向；是否符合国家建设方针和技术经济政策；项目产品方案和产品纲领是否符合国家产业政策、国民经济长远发展规划、行业规划和地区规划的要求。

调查和预测产品需求的市场，分析产品的性能、品种、规模构成和价格，看其是否符合国内外市场需求趋势，有无竞争能力，是否属于升级换代的产品。

根据产品的市场需求及所需生产要素的供应条件，分析项目的规模是否经济合理。

（2）项目建设和生产条件评估

根据水文地质、原料供应和产品销售市场、生产与生活环境状况，分析项目建设地点的选择是否经济合理，建设场地的总体规划是否符合国土规划、地区规划、城镇规划、土地管理、文物保护和环境保护的要求和规定，有无多占土地和提前征地的情况，有无用地协议文件。

在建设过程和建成投产后所需原材料、燃料、设备的供应条件及供电、供水、供热与交通运输、通信设施条件是否落实，有无保证，有无取得有关方面的协议和意向性文件，相关配套协作项目能否同步建设。

建设项目的"三废"（即废水、废气和废渣）治理是否符合保护生态环境的

---

① 本节引自：王勇，方志达. 项目可行性研究与评估. 北京：中国建筑工业出版社，2004.

要求。项目的环境保护方案是否获得环境保护部门的批准认可。

项目所需的建设资金是否落实，资金来源是否符合国家有关政策规定，是否可靠。

主要根据不同行业建设项目的生产特点，评估项目建成投产后的生产条件是否具备。例如，加工企业项目着重分析原材料、燃料、动力的来源是否可靠稳定，产品方案和资源利用是否合理。交通项目要有可靠的货运量。

(3) 对工艺技术的评估

对拟建项目所采用的工艺、技术、设备的技术先进性、经济合理性和实际适用性必须进行综合论证分析。

分析项目采用的工艺、技术、设备是否符合国家的科技政策和技术发展方向，能否适应时代技术进步的要求，是否有利于资源的综合利用，是否有利于提高生产效率和降低能耗与物耗，并能提高产品质量。通过技术指标衡量项目技术水平的先进性，与国内外同类企业的先进技术进行对比。

最新技术和最新科研成果的采用情况是否先进、适用，是否经过工业性试验和正式技术鉴定，是否已经证明确实成熟和行之有效，是否属于国家明文规定淘汰或禁止使用的技术或设备。

对于引进的国外技术与设备，应分析其是否成熟，是否确为国际先进水平，是否符合我国国情，有无盲目或重复引进情况；引进技术和设备是否与国内设备零配件和工艺技术相互配套，是否有利于"国产化"。

对于改建扩建项目还应注意评估原有固定资产是否得到充分利用，采用新的工艺、技术能否与原有的生产环节衔接配合。

论证建筑工程总体布置方案的比较优选是否合理，论证工程地质、水文、气象、地震、地形等自然条件对工程的影响和治理措施；审查建筑工程所采用的标准、规范是否先进、合理，是否符合国家有关规定和贯彻勤俭节约的方针。

论证项目建设工期和实施进度所选择的方案是否正确。

(4) 项目效益评估

对拟建项目进行财务预测和财务、经济及社会效益评估投资风险能力的不确定性分析。

① 财务测算。首先对项目效益评估所必需的各项基础经济数据（如投资、生产成本、利润、收入、税金、折旧和利率等）进行认真、细致和科学的测算和核实，分析这些数据估算是否合理；看这些基础数据的测算是否符合国家现行财税制度和国家政策；还要论证资金筹措计划是否可行。

② 财务效益评估。这是从项目本身出发，采用国家现行财税制度和现行价格，测算项目投产后企业的成本与效益，分析项目对企业的财务净效益、盈利能力和偿还贷款能力，检验财务效益指标的计算是否正确，是否达到国家或行业投资收益率和贷款偿还期的判据基准，以确定项目在财务上的可行性。

③ 经济效益评估。通常是从国家宏观的角度，分析项目对国民经济和社会的贡献，检验经济效益指标（如经济净现值、经济内部收益率等）的计算是否正确，审查项目投入物和产出物采用的影子价格和国际经济参数测算是否科学合理，项目是否符合国家规定的评价标准，以确定项目在经济上的合理性。

④ 社会效益分析。按照项目的具体性质和特点，分析项目给整个社会带来的效益。如对促进国家或地区社会经济发展和社会进步，提高国家、部门或地方的科学技术水平和文化生活水平，对社会收入分配、劳动就业、生态平衡、环境保护和资源综合利用等进行定量和定性分析，检验指标的计算是否正确、分析是否恰当，以确定项目在社会效益上的可行性。

⑤ 确定性分析。包括对项目评估的各种效益进行盈亏平衡分析、敏感性分析和概率分析，以确定项目在财务上和经济上抵御投资风险的能力，主要是测算项目财务经济效益的可靠程度和项目承担投资风险的能力，以利于提高项目投资决策的可靠性、有效性和科学性。

(5) 项目总评估

即在全面调查、预测、分析和评估上述各方面内容的基础上，对拟建项目进行的总结性评估，也就是通过汇总各方面的分析论证结果，进行综合研究，提出关于可否批准项目可行性研究报告和能否予以贷款等结论性意见和建议，为项目决策提供科学依据。具体说来包括以下几个方面：

① 对于利用外资、中外合资或合作经营项目需要补充评估合资（或合作）外商的资信是否良好；项目的合资（或合作）方式、经营管理方式、收益分配和债务承担方式是否合适，是否符合国家有关规定；分析借用外资贷款的条件是否有利，创汇和还款能力是否可靠，返销产品的价格和数量以及内外销比例是否合理；还要分析国内匹配资金和国内配套项目是否落实。

② 对于国内合资项目需要补充说明评估拟建项目的合资方式、经营管理方式、收益分配和债务承担方式是否恰当，是否符合国家有关规定；要认真审核项目经济评价依据的合法性和合资条件的可靠性。

③ 对于技术改造项目需要补充评价对原有厂房、设备、设施的拆迁利用程度和建设期间对生产的影响；摸清企业生产经营和财务现状；对技改项目的性质、改造任务和改造范围进行严格界定；比较项目改造前后经济效益的变化，比较项目进行技术改造和不进行技术改造的经济效益变化；对比与新建同类项目投资效益的差别；鉴定分析所采用的经济评价方法是否正确，效益和费用数据的含义是否适当；对因项目的增量效益不足所带动企业的存量效益的，还应进行企业总量效益的评估。

3) 项目评估与可行性研究的关系[①]

作为投资决策过程中的两大基本步骤，项目评估与可行性研究相辅相成、彼

---

① 王勇，方志达. 项目可行性研究与评估. 北京：中国建筑工业出版社，2004.

此映照、缺一不可。它们既具有共同之处，也有不同点。

（1）项目评估与可行性研究的一致性

① 可行性研究是项目评估的对象和基础。

② 项目评估是使可行性研究的结果得以实现的前提。就是说，可行性研究的内容和成果必须要通过项目评估的决策性建议来实现。因此，项目评估的客观评审结论是实现可行件研究所做投资规划的前提。

③ 项目评估是可行性研究的延伸和再评价。

④ 项目评估与可行性研究的基本原理、内容和方法是相同的。

（2）项目评估与可行性研究的不同点

① 概念与作用不同

可行性研究是在投资决策前对工程建设项目从技术、经济和社会各方面进行全面的技术经济分析论证的科学方法，其研究结果形成的可行性研究报告是项目投资决策的基础，为项目投资决策提供可靠的科学依据。

而项目评估是对项目可行性研究报告进行全面审核和再评价的工作，审查与判断项目可行性研究的可靠性、真实性和客观性，对拟建项目投资是否可行和确定最佳投资方案提出评价意见，为项目决策者（或上级主管部门）提供结论性意见，具有一定的权威性和法律性。

② 执行的单位不同

在我国，可行性研究通常是由投资主体（项目业主）及其主管部门主持和委托实施，主要体现投资者的意见和建设目的，是为投资主体服务的，对项目业主负责；而项目评估则由决策机构（如国家或地区主管投资的综合计划部门）和贷款决策机构（如银行）组织或授权实施，代表国家和地方政府对上报的可行性研究报告进行评估。委托机构和人员在执行过程中应体现国家和地区发展规划的目标，贯彻宏观调控政策，向投资和贷款的决策机构负责。

③ 研究的角度和侧重点不同

可行性研究主要是从企业自身的角度、侧重于产品市场预测，对项目建设的必要性、建设条件、技术可行性和财务效益的合理性进行研究分析，估量项目的盈利能力并决定其取舍，着重项目投资的微观利益。

而项目评估是由国家（或地方）的投资决策部门和国家开发银行（管理政策性投资项目）主持，因其担负着国家宏观调控的职能，故将站在国家的立场，依据国家、部门、地区和行业等各方面的规划和政策，对项目可行性研究报告的内容和报告的质量（如数据的正确性、计算的理论依据和结论的客观公正性）进行评估，综合考察可行性研究的社会经济整体效益，侧重于项目投资的宏观利益。

与此同时，由商业性的专业投资银行所做的项目评估，还必然讲求项目投资效益中的银行收益。

④ 报告撰写的内容格式和成果形式不同

可行性研究报告主要包括总论、产品市场预测、建设规模分析、建设条件和项目设计方案等十一个方面的内容。

而项目评估报告则主要从项目建设必要性、建设与生产条件、技术方案、经济效益和项目总评估等五个方面进行评估，对可行性研究报告全部情况的可靠性进行全面的审核。此外，项目评估报告还要分析各种参数、基础数据，以及效果指标的测算和选择是否正确，判断和证实项目可行性研究的可靠性、真实性和客观性，以利于决策机构对项目投资提出决策性建议。

⑤ 在项目管理工作中各自所处的阶段和地位不同

可行性研究工作处于投资前期的项目准备工作阶段。它是根据国民经济长期规划、地区与行业规划的要求，对拟建项目进行投资方案规划、工程技术论证、社会与经济效益预测和组织机构分析，属于项目规划和预测工作，为项目决策提供必要的基础。

项目评估则是处在前期工作的项目审批决策阶段，是对项目可行性研究报告提出评审意见，最终确定项目投资是否可行，并选择最佳投资可行方案。项目评估是投资决策的必备条件，为决策者提供直接的、最终的决策依据，具有可行性研究工作所不能替代的更高的权威性。

4.3　　工程项目设计阶段

在项目建议书、可行性研究报告审批完成，最终立项之后，建设单位即可办理工程报建手续，进入工程设计阶段。

工程设计是指对建设工程所需的技术、经济、资源、环境等条件进行综合分析、论证，编制建设工程设计文件的活动。

在工程设计阶段，建设单位应委托具有设计资质的工程设计单位，依据项目建议书、可行性研究报告及其审批意见，根据建设工程的要求，对建设工程所需的技术、经济、资源、环境等条件进行综合分析、论证，编制建设工程设计文件。工程设计文件是组织施工的依据，设计的质量直接关系着工程质量和将来使用的效果，是整个工程项目的决定性环节。

4.3.1　　工程设计工作简介

1）工程设计人员的岗位与职责

在工程设计的项目组中，工程设计人员岗位分为设计总负责人、专业负责人、设计人、校对人、审核人和审定人。工程由设计总负责人管理，专业负责人协助设计总负责人对本专业的设计工作实施管理。校对人、审核人和审定人岗位是为了保障设计质量，对图纸实行多重校审工作而设置的。对于小型、简单工程项目，上述各岗位人员可以兼任。

各岗位人员的职责与权限简要说明如下：

(1) 设计总负责人

设计总负责人是工程项目设计的技术负责人，对项目的综合质量全面负责。在民用建筑设计中，设计总负责人由注册建筑师担任。设计总负责人应：

① 在设计工作当中贯彻执行有关设计工作的政策、法规、标准、规范及本院的质量管理体系文件；

② 根据下达的设计任务，负责编写设计策划表和专业配合进度表；

③ 组织各专业负责人对建设方提供的设计资料进行验证并组织设计人员考察现场；

④ 组织各专业设计人员及时、有效地互提设计资料，协调各专业之间的技术问题；在审定之前组织各专业负责人进行专业间图纸会审；

⑤ 负责组织各专业负责人整理、保管设计及施工过程中形成的质量记录；负责图纸及设计文件的归档工作。

(2) 专业负责人

专业负责人配合设计总负责人组织和协调本专业的设计工作，对本专业设计质量负主要责任。应由各专业具有执业注册资格的专业人员担任。专业负责人应：

① 执行本专业应遵守的标准、规范、规程及本单位的技术措施；

② 完成设计项目本专业部分策划报告，编制本专业技术条件；

③ 验证建设单位和外专业提供的设计资料，并及时给其反馈有关设计资料，做好专业之间的配合工作；

④ 依据各设计阶段的进度控制计划制定本专业相应的作业计划和人员配备计划，组织本专业各岗位人员完成各阶段设计工作，完成图纸的验证，参加会审、会签工作，并在图纸专业负责人栏内签字；

⑤ 承担创优项目时，负责制定和实施本专业的创优措施；

⑥ 进行施工图交底，负责处理设计更改，解决施工中出现的有关问题，履行洽商手续，参加工程验收，服务总结专业性工程回访；

⑦ 负责收集整理本专业设计过程中形成的质量记录和设计文件归档。

(3) 设计人

设计人在专业负责人指导下进行设计工作，对本人的设计进度和质量负责，应由具有初级及以上专业技术职称的专业人员担任。设计人应：

① 根据专业负责人分配的任务熟悉设计资料，了解设计要求和设计原则，正确进行设计，并做好专业内部和与其他专业的配合工作；

② 配合专业进度，制定详细的作业计划，并按照岗位要求完成各阶段设计、自校工作；

③ 做到设计正确无误，选用计算公式正确、参数合理、运算可靠，符合标准、规范、规程及本单位技术措施；

④ 正确选用标准图及重复使用图，保证满足设计条件；

⑤ 受专业负责人委派下施工现场，处理有关问题，处理结果及时向专业负责人汇报，工程修改及洽商应报专业负责人和审核人审核并签署；

⑥ 对完成的设计文件应认真自校，保证设计质量，并在图纸设计人栏内签字。

(4) 校对人

校对人在专业负责人指导下，对设计进行校对工作，负责校对设计文件内容的完整性。应由具有中、高级技术职称或本专业执业注册资格的专业人员担任。校对人应：

① 充分了解设计意图，对所承担的设计图纸和计算书进行全面校对，使设计符合正确的设计原则、规范、本单位技术措施，数据合理正确，避免图面错、漏、碰、缺；

② 协调本专业与有关专业的图纸，协助做好专业间的配合工作，把好质量关；

③ 对校对中发现的问题提出修改意见，督促设计人员及时处理存在的问题；

④ 填写校对审图记录单，对修改内容进行验证合格之后，在图纸校对栏内签字。设计人如无正当理由拒绝修改，校对人有权不在图纸校对栏内签字。

(5) 审核人

应由具有中、高级技术职称或具有注册资格的专业人员担任，其中大型、复杂项目必须由具有高级技术职称或具有一级注册资格的专业人员担任。审核人应：

① 按照作业计划审核设计文件（包括图纸和计算书等）的完整性及深度是否符合规定要求，设计文件是否符合规划设计条件和设计任务书的要求，以及是否符合审批文件的要求；

② 审核设计文件是否符合方针政策以及国家和工程所在地区的标准、规范、规程以及本单位的技术措施，避免图面错、漏、碰、缺；

③ 审查专业接口是否协调统一，构造做法、设备选型是否正确，图面索引是否标注正确、说明清楚；

④ 填写校对审图记录单，对修改内容进行验证合格之后，在图纸审核栏内签字。设计人如无正当理由拒绝修改，审核人有权不在图纸审核栏内签字。

(6) 审定人

应由总建筑师、副总建筑师或指定具有一级注册资格的专业人员担任。审定人应：

① 负责指导本专业的设计工作，并决定设计中的重大原则问题。审定本专业统一技术条件；

② 审定工程项目设计策划、设计输入、设计输出、设计评审、设计验证、设计确认等各项程序的落实；

③ 审定设计是否符合规划设计条件、任务书、各设计阶段批准文件、标准、规范、规程及本单位技术措施等；

④ 审定设计深度是否符合规定要求，检查图纸文件及记录表单是否齐全；

⑤ 评定本专业工程设计成品质量等级；

⑥ 对审定出的不合格品进行评审和处置；

⑦ 填写校对审图记录单，修改内容验证合格之后，在图纸审定栏内签字。如设计人、专业负责人、设计总负责人无正当理由拒绝修改，审定人有权不在图纸审定栏内签字。

2）设计工作的基本环节与程序

根据建设部规定，民用建筑工程一般应分为三个阶段，即：方案设计阶段、初步设计阶段和施工图设计阶段。而各个阶段的设计工作，又都是由全部或者部分的下列基本环节所组成：

(1) 设计准备

承接设计任务后，设计单位即根据工作规模、项目管理等级、岗位责任确定项目组成员。项目组在设计总负责人的主持下开展设计工作。

设计总负责人首先要和有关的专业负责人一起研究设计任务书和有关批文，搞清建设单位的设计意图、范围和要求，以及政府主管部门批文的内容。然后组织人员去现场踏勘并与甲方座谈沟通，收集有关设计基础资料和当地政府的有关法规等。当工程需采用新技术、新工艺或新材料时，应了解技术要点、生产供货情况、使用效果、价格等情况。

(2) 确定本专业设计技术条件

在正式设计工作开展前，专业负责人应组织设计人、校对人与审定（核）人一起确定本专业设计技术条件。内容包括：

① 设计依据有关规定、规范（程）和标准；

② 拟采用的新技术、新工艺、新材料等；

③ 场地条件特征，基本功能区划、流线，体型及空间处理创意等；

④ 关键设计参数；

⑤ 特殊构造做法等；

⑥ 专业内部计算和制图工作中需协调的问题。

(3) 进行专业间配合和互提资料

为保证工程整体的合理性，消除工程安全隐患，减少经济损失，确保设计按质量如期完成，在各阶段设计中专业之间均要各尽其责，互相配合，密切协作。在专业配合中应注意以下几点：

① 按设计总负责人制定的工作计划，按时提出本专业的资料；

② 核对其他专业提来的资料，发现问题及时返提；

③ 专业间互提资料应由专业负责人确认；

④ 应将涉及其他专业方案性问题的资料尽早提出，发现问题尽快协商解决。

(4) 编制设计文件

编制设计文件时，设计单位的工作人员应当充分理解建设单位的要求，坚决贯彻执行国家及地方有关工程建设的法规，应符合国家现行的建筑工程建设标准、设计规范（程）和制图标准以及确定投资的有关指标、定额和费用标准的规定，满足原建设部《建筑工程设计文件编制深度规定》（2003 年版）对各阶段设计深度的要求。当合同另有约定时，应同时满足该规定与合同的要求；对于一般工业建筑（房屋部分）工程设计，设计文件编制深度尚应符合有关行业标准的规定。在工作中要做到以下几点：

① 贯彻确定的设计技术条件。发现问题及时与专业负责人或审定（核）人商定解决；

② 设计文件编制深度应符合有关规定和合同的要求；

③ 制图应符合国家及有关制图标准的规定；

④ 完成自校，要保证计算的正确性和图纸的完整性，减少错、漏、碰、缺。

(5) 专业内校审和专业间会签

设计工作后期，在设计总负责人的主持下各专业共同进行图纸会签。会签主要解决专业间的局部矛盾和确认专业间互提资料的落实。完成后由专业负责人在会签栏中签字。

专业内校审主要由校对人、专业负责人、审核人、审定人进行。要达到确认设计技术条件的落实，保证计算的正确和设计文件满足深度要求，在设计人修改之后，有关人员在相应签字栏中签字。

(6) 设计文件归档

设计工作完成之后应将设计任务书、审批文件、收集的基础资料、全套设计文件（含计算书）、专业互提资料、校审纪录、工程洽商单、质量管理程序表格等归档。

(7) 施工配合

施工图设计完成之后需要进行施工配合工作。向建设、施工、监理等单位进行技术交底。施工中解决出现的问题，出工程洽商或修改（补充）图纸，参加隐蔽工程的局部验收。

(8) 工程总结

工程竣工后可以对建设单位、施工单位等进行回访，听取相关人员的意见，进行工程总结，以便今后提高设计质量。

而实际工作中，工程设计工作的基本环节可以根据其复杂程度有所增减。本节中对于基本环节的编写顺序并不完全代表时间顺序，有些环节是交叉或多次反复逐步深化进行的（尤其是配合工作）。

3）设计阶段的划分

工程项目的设计可根据项目的性质、规模及技术复杂程度分阶段进行。民用建筑工程设计一般分为方案设计、初步设计和施工图设计三个阶段。对于技术要求简单的民用建筑工程，经有关部门同意，并且合同中有不做初步设计的约定，可在方案设计审批后直接进入施工图设计。

（1）方案设计阶段：接到设计任务后，由建筑专业人员绘制方案草图，其他专业配合确定结构选型、设备系统等设想方案，并估算工程造价；组织方案审定或评选，写出定案结论，并绘制方案报批图。

（2）初步设计阶段：方案设计审查批准后，进行初步设计，初步完成各专业配合，细化方案设计，编制初步设计文件，配合建设单位办理相关的报批手续，控制投资，对特殊设备提出订货条件。

（3）施工图设计阶段：在取得初步设计审批文件之后，根据审批意见和审批文件，对初步设计进行必要的调整。设计总负责人应和专业负责人协调商定各专业配合进度，进行施工图设计，满足施工要求。

4.3.2　方案设计阶段

方案设计阶段的工作，可以是直接受建设单位委托，签订设计合同后开始进行方案设计；而在更多情况下，则是以参加建筑方案投标，有时甚至是参加设计竞赛的方式，开始方案设计阶段工作的。不论以哪种方式开始方案设计，本阶段的技术工作内容与过程都是基本一致的。

1）方案构思与调研

本阶段建筑师是对建筑物的主要内容（功能和形式）作出具体而梗概的安排，处理和解决一系列的重大矛盾，诸如：建筑物与周围环境的矛盾，需要与可能之间的矛盾，建筑物自身不同功能之间的矛盾，适用、经济、安全、美观几个基本要素之间的矛盾，以及其他专业在技术要求上的矛盾等。建筑师在方案设计阶段的核心任务就是努力寻找解决上述诸多矛盾的最佳方案。

为此，建筑师一方面要反复了解并深刻理解建设方的要求和意图，另一方面要对相关的外部技术资料做深入的搜集与研究。在这一阶段建筑专业通常需要收集的资料有：

（1）相关文件：如工程建设项目委托文件、主管部门审批文件、有关协议书等。

（2）自然条件：地形地貌，如海拔高度、场地内高差及坡度走向，山丘河湖和原有林木、绿地分布及有保留价值的建筑物等分布状况；水文地质，如土层、岩体状况、软弱或特殊地基状况，地下水位，标准冻深，抗震设防烈度，气象，如工程建设项目所处气候区类别，年最高和最低温度、湿度，最大日温差，年降雨量，主导风向，日照标准。

(3) 规划市政条件：道路红线、建筑控制线、市政绿化及场地环境要求，基地四周交通、供水、排水、供电、供燃气、通信等状况，基地附近商业网点服务设施、教育、医疗、休闲等配套状况。

(4) 建设方意图：使用功能、室内外空间安排、交通流线等基本要求，体型、立面等形象艺术方面的要求，建设规模，建设标准，投资限额。

(5) 施工条件：当地建设管理部门及监理公司等方面状况，地方法规及特殊习惯做法。

(6) 其他：当地施工队伍的技术、装备状况，当地建筑材料与设备的供应、运输状况。

2）专业配合及互提资料

建筑专业应向其他各专业提供：经过整理的建设单位提供的相关设计文件、资料，作为各专业的设计依据；建筑设计说明及方案设计图纸。

结构、水、暖、电各专业在接到建筑专业的资料以后，应根据工程情况向建筑专业反馈技术要求和调整意见，并且协助建筑专业完善和深化设计。

3）编制设计文件

方案设计阶段所编制的设计文件主要包括设计说明书和建筑设计图纸两大部分。具体内容如下[①]：

(1) 设计说明书

① 设计依据、设计要求及主要技术经济指标

列出与工程设计有关的依据性文件的名称和文号；设计所采用的主要法规和标准；设计基础资料；建设方案和政府有关主管部门对项目设计的要求；建筑限高；委托设计的内容和范围；工程规模和设计标准（包括工程等级、结构的设计使用年限、耐火等级、装修标准等）；主要技术经济指标。

② 总平面设计说明

概述场地现状特点和周边环境情况，详尽阐述总体方案的构思意图和布局特点，以及在竖向设计、交通组织、景观绿化、环境保护等方面所采取的措施；关于一次规划、分期建设，以及原有建筑和古树名木保留、利用、改造方面的总体设想。

③ 建筑设计说明

主要说明方案的构思特点，包括：建筑的平面和竖向构成，空间处理，立面造型和环境分析等；建筑的功能布局和交通组织；防火设计及安全疏散；无障碍、节能和智能化设计的简要说明；具有地下人防等特殊设计时的相应说明。

---

① 详细规定见原建设部 2003 年颁布的《建筑工程设计文件编制深度规定》。

④ 结构设计说明（结构专业提供，略）

⑤ 建筑电气设计说明（电气专业提供，略）

⑥ 给水排水设计说明（给水排水专业提供，略）

⑦ 采暖通风与空气调节设计说明（暖通专业提供，略）

⑧ 热能动力设计说明（暖通专业提供，略）

⑨ 投资估算编制说明及投资估算表（概预算人员提供，略）

（2）总平面设计图纸

应表明场地的区域位置、场地的范围，反映场地内及四周环境，表示出场地内拟建道路、停车场、广场、绿地及建筑物的位置，以及主要建筑与用地界线及相邻建筑物之间的距离，表明拟建主要建筑的名称、出入口、层数与设计标高，画出指北针或风玫瑰；除总平面布置图外，还应有功能分区、交通、消防及景观绿化等分析图。

（3）建筑设计图纸

包括平面图、立面图、剖面图，以及设计合同中规定的透视图、鸟瞰图和模型等。

（4）热能动力设计图纸（当项目为城市区域供热或区域煤气调压站时提供）

此外，根据原建设部《建筑工程设计文件编制深度规定》，在方案设计阶段文件的编制中，还要掌握如下原则：

（1）应满足编制初步设计文件的需要；

（2）宜因地制宜正确选用国家、行业和地方建筑标准设计；

（3）对于一般工业建筑（房屋部分）工程设计，设计文件编制深度尚应符合有关行业标准的规定；

（4）当设计合同对设计文件编制深度另有要求时，设计文件编制深度应符合设计合同的要求。

4.3.3　初步设计阶段

在建筑方案中标并批复后，除技术要求简单的民用建筑工程外，通常需要进行初步设计。这个阶段的设计文件要满足：政府主管部门报批，控制工程造价，满足特殊大型设备订货的需要。在这个设计阶段，要求各专业基本确定本专业设计方案，解决各设备用房的工艺布置、管井和干管布置、总图布置，以及各专业间配合等问题，满足下一步编制施工图的需要。

初步设计阶段提交的设计文件包括各专业的设计说明书（含消防专篇、环保专篇和节能专篇）、图纸、工程概算及设备、材料表。

1）建筑专业的设计步骤

初步设计阶段建筑专业工作流程框图如图4-2所示。

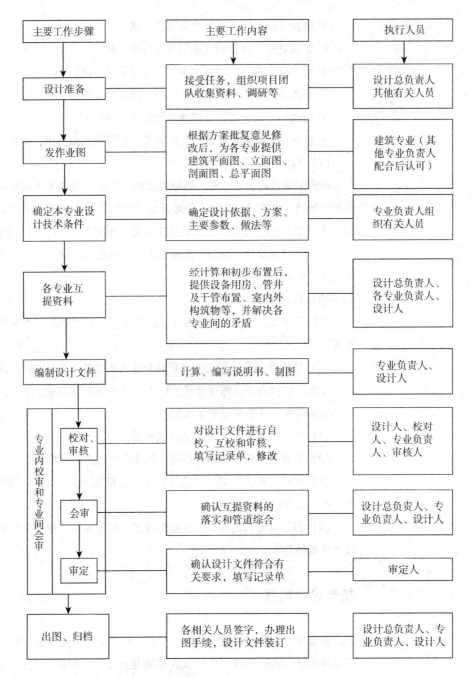

主要工作步骤	主要工作内容	执行人员
设计准备	接受任务,组织项目团队收集资料、调研等	设计总负责人其他有关人员
发作业图	根据方案批复意见修改后,为各专业提供建筑平面图、立面图、剖面图、总平面图	建筑专业(其他专业负责人配合后认可)
确定本专业设计技术条件	确定设计依据、方案、主要参数、做法等	专业负责人组织有关人员
各专业互提资料	经计算和初步布置后,提供设备用房、管井及干管布置、室内外构筑物等,并解决各专业间的矛盾	设计总负责人、各专业负责人、设计人
编制设计文件	计算、编写说明书、制图	专业负责人、设计人
校对、审核	对设计文件进行自校、互校和审核,填写记录单,修改	设计人、校对人、专业负责人、审核人
会审	确认互提资料的落实和管道综合	设计总负责人、专业负责人、设计人
审定	确认设计文件符合有关要求,填写记录单	审定人
出图、归档	各相关人员签字,办理出图手续,设计文件装订	设计总负责人、专业负责人、设计人

（专业内校审和专业间会审）

图4-2 建筑专业初步设计流程图

2）专业配合及互提资料

初步设计阶段,各专业一般分两个时段互提资料。

(1) 第一时段

由建筑专业向各专业提供在方案设计基础上,需要补充及调整后的设计资料等。各专业设计人员据此了解建筑概况及设计范围等,进行专业确认,及时反馈调整补充意见，作为建筑专业在第一时段的接受资料。

（2）第二时段

建筑专业依据反馈资料，主要完成对设计依据的补充、简要说明的细化及对设计图纸的补充和修改，同时为完成报送设计说明书，需各专业配合，并作为建筑专业第二时段的提供资料。各专业设计人员再据此，针对平面布置、技术要求等反馈给建筑专业，作为建筑专业的第二次接受资料。

3）编制设计文件

初步设计阶段，设计文件主要包括设计说明书、有关专业的设计图纸和工程概算书。具体内容如下[①]：

（1）设计总说明，其中包括：

① 工程设计的主要依据

设计中贯彻的国家政策、法规；主管部门批文、可行性研究报告、立项书、方案设计文件等的文号或名称；城市或地区的气象、地理、地质条件，公用设施、交通条件；规划、用地、环保、卫生、绿化、消防、人防、抗震等要求和依据资料；建设方提供的使用要求或生产工艺等资料；本工程采用的主要法规、规范、标准等。

② 工程建设的规模和设计范围

工程项目的组成和设计规模；分期建设的情况；承担设计的范围与分工。

③ 设计指导思想和设计特点

建筑设计构思、立意理念与特色；采用的新技术、新材料、新结构等；环保、安全、防火、交通、用地、节能、人防、抗震等主要设计原则；根据使用功能要求，对总体布局和选用标准的综合叙述。

④ 总指标

总用地面积；总建筑面积；其他相关技术经济指标（表4-1）。

民用建筑主要技术经济指标　　　　　　　　　　表4-1

序号	名称	单位	数量	备注
1	总用地面积	hm^2		
2	总建筑面积	m^2		地下、地下部分可分列
3	建筑基底总面积	hm^2		
4	道路广场总面积	hm^2		含停车场面积并应注明泊位数
5	绿地总面积	hm^2		可加注公共绿地面积
6	容积率			（2）／（1）

---

① 详细规定见原建设部2003年颁布的《建筑工程设计文件编制深度规定》。

序号	名称	单位	数量	备注
7	绿地率、建筑密度	%		(3)／(1)
8	绿地率	%		(5)／(1)
9	小汽车停车泊位数	辆		室内、室外分列
10	自行车停放数量	辆		

⑤ 提请在设计审核时需解决或确定的主要问题

有关城市规划、红线、拆迁和水、电、燃料等能源供应的协作问题；总建筑面积、总概算中存在的问题；设计选用标准方面的问题；主要设计基础资料和施工条件落实情况等影响因素。

对于在设计总说明中已经叙述过的内容，在后面的各专业说明中就可以不再重复了。

(2) 总平面

① 设计说明书

(A) 设计依据及基础资料

摘述方案设计依据资料及批文中的有关内容；规划许可条件及对总平面布局、环境、空间、交通、环保、文物保护、分期建设等方面的特殊要求；本工程采用的坐标、高程系统。

(B) 场地概述

工程名称及位置，四邻原有和规划的重要建筑物和构筑物；概述场地地形地貌；描述场地内原有建筑物、构筑物，以及保留（名木、古迹等）、拆除的情况；描述与总平面设计有关的自然因素，如地震、滑坡等地质灾害。

(C) 总平面布置

说明如何因地制宜布置建筑物，使其满足使用功能和城市规划要求及经济技术合理性；说明功能分区原则、远近相结合、发展用地的考虑；说明室内外空间的组织及其与四周环境的关系；说明环境景观设计与绿地布置等。

(D) 竖向设计

说明竖向设计的依据；说明竖向布置方式，如地表雨水的排除方式等；根据需要注明初平土石方工程量。

(E) 交通组织

说明人流和车流的组织，出入口、停车场（库）布置及停车数量；消防车道和高层建筑消防扑救场地的布置；道路的主要设计技术条件。

(F) 主要技术经济指标表

(G) 提请在设计审批时解决或确定的主要问题

② 设计图纸

（A）区域位置图（根据需要绘制）

（B）总平面图

保留的地形、地物；测量坐标网、坐标值，场地范围的测量坐标或定位尺寸，道路红线、建筑红线或用地界线；场地四邻原有及规划道路和主要建筑物及构筑物；道路、广场的主要坐标（或定位尺寸），停车场、停车位、消防车道及高层建筑消防扑救场地的布置，必要时加绘交通流线示意；绿化、景观及休闲设施的布置示意。

（C）竖向布置图

场地范围的测量坐标值（或尺寸）；场地四邻的道路、地面、水面及其关键性标高；保留的地形、地物；建筑物、构筑物、拟建建筑物、拟建构筑物的室内外设计标高；主要道路、广场的起点、变坡点、转折点和终点的设计标高，以及场地的控制性标高；用箭头或等高线表示地面坡向，并表示出护坡、挡土墙、排水沟等。

（3）建筑

① 设计说明书

（A）依据及设计要求

摘述任务书等依据性资料中与建筑专业有关的内容；表述建筑类别和耐火等级，抗震设防烈度，人防等级，防水等级及适用规范和技术标准；简述建筑节能和建筑智能化等要求。

（B）建筑设计说明：

概述建筑物使用功能和工艺要求，建筑层数、层高和总高度，结构选型和设计方案调整的原因、内容；简述建筑的功能分区、建筑平面布局和建筑组成，以及建筑立面造型、建筑群体与周围环境的关系；简述建筑的交通组织、垂直交通设施的布局，以及所采用的电梯、自动扶梯的功能、数量、吨位、速度等参数；综述防火设计的建筑分类、耐火等级、防火防烟分区的划分、安全疏散以及无障碍、节能、智能化、人防等设计情况和所采用的特殊技术措施；主要技术经济指标（包括能反映建筑规模的各种指标）。

（C）多子项工程中的简单子项可用建筑项目主要特征表（表4-2）作综合说明。

民用建筑项目主要特征表 表4-2

项目名称		备注
编号		
建筑类别		
耐火等级		
抗震设防烈度		

项目名称			备注
人防防护等级			
主要结构选型			
建筑层数、总高度			
建筑基底面积			
建筑总面积			
建筑构造及装修	墙体		
	地面		
	楼面		
	层面		
	天窗		
	门		
	窗		
	顶棚		
	内墙面		
	外墙面		

(D) 对需分期建设的工程，说明分期建设内容。

(E) 对幕墙、特殊层面等需另行委托设计、加工的工程内容作必要的说明。

(F) 需提请审批时解决的问题或需确定的事项及其他事宜。

② 设计图纸

(A) 平面图

标明承重结构的轴线、轴线编号、定位尺寸和总尺寸；绘出主要结构和建筑构配件，如非承重墙、壁柱、门窗、幕墙、天窗、楼梯、电梯、自动扶梯、中庭及其上空、夹层、平台、阳台、雨篷、台阶、坡道、散水、明沟等的位置；表示主要建筑设备的位置，如水池、卫生器具或设备专业的有关设备等；表示建筑平面或空间的防火分区及防火分区分隔位置和面积；标明室内室外地面设计标高及地上地下各层楼地面标高。

(B) 立面图

主要立面的外轮廓及主要结构和建筑部件的可见部分，如门窗（幕墙）、雨篷、檐口（女儿墙）、屋顶、平台、栏杆、坡道台阶和主要装饰线脚等；平面图、剖面图未能表示的屋顶、屋顶高耸物、室外地面等主要标高或高度。

(C) 剖面图

剖面应剖在层高、层数不同，内外空间比较复杂的部位，图中应准确、清楚地标示出剖到或看到的各相关部分的内容，并应表示：内外承重墙、柱的轴线，轴线编号；结构和建筑构造部件，如地面、楼板、屋顶、檐口、女儿墙、吊顶、梁、柱、内外门窗、天窗、楼梯、电梯、平台、雨篷、阳台、地沟、地坑、台阶、坡道等；各种楼地面和室外标高，以及室外地坪至建筑物檐口或女儿墙顶的总高度，各楼层之间尺寸和其他必须尺寸。

（D）对于紧邻的原有建筑，应绘出其局部的平面图、立面图、剖面图。

（4）结构（略）

（5）建筑电气（略）

（6）给水排水（略）

（7）采暖通风与空气调节（略）

（8）热能动力（略）

（9）概算（略）

4）初步设计文件编制原则

（1）应满足编制施工图设计文件的需要，以及采购主要材料和关键设备的需要。

（2）宜因地制宜正确选用国家、行业和地方建筑标准设计。

（3）对于一般工业建筑（房屋部分）工程设计，设计文件编制深度尚应符合有关行业标准的规定。

（4）当设计合同对设计文件编制深度另有要求时，设计文件编制深度应按设计合同的要求。

4.3.4　施工图设计阶段

在初步设计文件经政府有关主管部门审查批复，建设方对有关问题给予答复后，项目组可开始施工图设计工作。这个阶段，设计文件应满足设备材料采购、非标设备制作和施工的需要。对于将项目分别发包给几个设计单位或实施设计分包的情况，设计文件相互关联处的深度应满足各承包或分包单位设计的需要。这个阶段提交的设计文件包括各专业全套施工图和工程预算。

1）建筑专业的设计步骤

施工图设计阶段流程及各工种之间的配合与初步设计阶段类同，本节不再赘述。与初步设计相比，施工图设计只是在确定布置和做法时，应依据国家规范、建设单位要求及各专业提出资料，只补充初步设计文件审查变更后需重新修改和补充的内容，并进行相关计算，其他部分均与初步阶段流程相同。建筑专业需要接收、提供的技术资料主要内容比初步设计阶段更加细致和具体。

2）编制设计文件

在施工图设计阶段，设计文件包括总平面图，建筑平、立、剖面图，其他专业图纸和工程预算等内容。现以建筑专业的设计内容为例，详述如下：

（1）总平面

① 图纸目录

应先列新绘制的图纸，后列选用的标准图和重复利用图。

② 设计说明

说明本图坐标、高程系统等，一般分别写在有关的图纸上。如重复利用某工程的施工图纸及其说明时，应详细说明其编制单位、工程名称、设计编号和编制日期，列出主要技术经济指标表。

③ 总平面图

保留的地形、地物；测量坐标网、坐标值；场地四界的测量坐标或定位尺寸，道路红线、建筑红线或用地界线；四邻原有及规划道路的位置及主要建筑物、构筑物的位置、名称、层数；拟建广场、停车场、运动场、道路、无障碍设施、排水沟、挡土墙、护坡的定位尺寸；指北针或风玫瑰图；注明施工图设计的依据、尺寸单位、比例、坐标及高程系统、补充图例等。

④ 竖向布置图

场地测量坐标网、坐标值；场地四邻的道路、水面、地面的关键性标高；建筑物、构筑物名称或编号，室内外地面设计标高；广场、停车场、运动场地的设计标高；道路与排水沟起点、变坡点、转折点和终点的设计标高、纵坡度、纵坡距、关键性坐标；用坡向箭头或等高线表明地面坡向。

⑤ 土方图

场地四界的施工坐标；设计的建筑物、构筑物的位置；20m×20m 或 40m×40m 方格网及其定位、各方格点的原地面标高、设计标高、填挖高度、填区和挖区的分界线，各方格土方量，总土方量；土方工程平衡表。

⑥ 管道综合图

总平面布置；场地四界的施工坐标、道路红线及建筑红线或用地界线的位置；管线平面布置；场外管线接入点的位置；管线密集地段的断面图。

⑦ 绿化及建筑小品布置图

绘出总平面布置；绿地（含水面）、人行步道及硬质铺地的定位；建筑小品位置（坐标或定位尺寸）、设计标高、详图索引。

⑧ 详图

道路横断面、路面结构、挡土墙、护坡、排水沟、池壁、广场、运动场地、活动场地、停车场地面详图等。

(2) 建筑

① 图纸目录

应先列新绘制的图纸，后列选用的标准图和重复利用图。

② 施工图设计说明

(A) 本工程施工图设计的依据性文件、批文和相关规范。

(B) 项目概况：建筑名称、建设地点、建设单位、建筑面积、建筑基底面积、建筑工程等级、设计使用年限、建筑层数和建筑高度、防火设计建筑分类和耐火等级、人防工程防护等级、屋面防水等级、地下室防水等级、抗震设防烈度等，以及能反映建筑规模的主要技术经济指标；

（C）设计标高：本工程相对标高与总图绝对标高的关系。

（D）用料说明和室内外装修。

（E）对采用新技术、新材料的作法说明及对特殊建筑造型和建筑构造的说明。

（F）门窗表。

（G）幕墙工程及特殊屋面工程的性能及制作要求。

（H）电梯（自动扶梯）选择及性能说明。

（I）墙体及楼板预留孔洞封堵方式说明。

（J）其他需要说明的问题。

③ 设计图纸

（A）平面图

承重墙、柱及其定位轴线和轴线编号，内外门窗位置；轴线总尺寸、轴线间尺寸、门窗洞口尺寸、分段尺寸；墙身厚度，扶壁柱宽、深尺寸，及其与轴线关系尺寸；变形缝位置、尺寸及做法索引；主要建筑设备和固定家具的位置及相关做法索引；电梯、自动扶梯、楼梯（爬梯）位置和楼梯上下方向示意和编号索引，主要结构和建筑构造部件位置、尺寸和做法索引，如中庭、天窗、地沟、地坑、重要设备或设备基座的位置尺寸、各种平台、夹层、人孔、阳台、雨篷、台阶、坡道、散水、明沟等；墙体及楼地面预留孔洞和通风管道、管线竖井、烟囱、垃圾道等位置、尺寸和做法索引；室外地面标高、底层地面标高、各楼层标高、地下室各层标高；屋顶平面。

（B）立面图

立面外轮廓及主要结构和建筑构造部件的位置，如女儿墙顶、檐口、柱、变形缝、室外楼梯和垂直爬梯、室外空调机搁板、阳台、栏杆、台阶、坡道、花台、雨篷、烟囱、勒脚、门窗、幕墙、洞口、门头、雨落管，其他的装饰构件、线脚和粉刷分格线等，以及关键控制标高的标注，如屋面或女儿墙标高等；外墙的留洞应注尺寸与标高。

（C）剖面图

剖面应剖在层高、层数不同，内外空间比较复杂的部位，图中应准确、清楚地标示出剖到或看到的各相关部分的内容，并应表示：剖切到或可见的主要结构和建筑构造部件，如室外地面、底层地（楼）面、地坑、地沟、各层楼板、夹层、平台、吊顶、屋架、屋顶、出屋顶烟囱、天窗、挡风板、檐口、女儿墙、爬梯、台阶、坡道、散水、天台、阳台、雨篷、洞口及其他装修等可见的内容。高度尺寸、外部尺寸：门窗洞口高度、层间高度、室内外高差、女儿墙高度、总高度等外部尺寸，地坑（沟）深度，隔断、内窗、洞等内部尺寸。标高：主要结构和建筑构造部件的标高，如地面、楼面（含地下室）、平台、吊顶、屋面板、檐口、女儿墙顶、高出屋面的建筑物、构筑物及其他屋面特殊构件等标高，室外的地面标高；节点构造详图索引。

（D）详图

内外墙节点、楼梯、电梯、厨房、卫生间等局部平面放大和构造详图；室内外装饰方面的构造、线脚、图案等；特殊的或非标准门、窗、幕墙等应有构造详图；其他凡在平面图、立面图、剖面图或文字说明中无法交待或交待不清的建筑构配件和建筑构造。

（3）结构（略）

（4）建筑电气（略）

（5）给水排水（略）

（6）采暖通风与空气调节（略）

（7）热能动力（略）

（8）预算（略）

3）施工图设计文件编制原则

（1）施工图设计文件应满足设备材料采购、非标准设备制作和施工的需要。对于将项目分别发包给几个设计单位或实施设计分包的情况，设计文件相互关联的深度应当满足各承包或分包单位设计的需要。

（2）宜因地制宜正确选用国家、行业和地方建筑标准设计。

（3）能据此进行施工、制作、安装，编制施工图预算和进行工程验收。

（4）对于一般工业建筑（房屋部分）工程设计，设计文件编制深度尚应符合有关行业标准的规定。

（5）当设计合同对设计文件编制深度另有要求时，设计文件编制深度应符合设计合同的要求。

4.3.5　施工图审查制度

施工图设计文件审查是指国务院建设行政主管部门和省、自治区、直辖市和人民政府建设行政主管部门依法认定的设计审查机构，根据国家的法律、法规、技术标准与规范，对施工图进行结构安全和强制性标准、规范执行情况等进行的独立审查。它是政府主管部门对建筑工程勘察设计质量监督管理的重要环节，是基本建设必不可少的程序，工程建设各方必须认真贯彻执行。

建设工程质量和效益与社会公共利益、公民生命财产安全紧密相连，因此，监察工程质量是政府不可推卸的职责。而工程设计是整个工程建设的灵魂，对建设工程质量起着至关重要的作用。世界上主要发达国家和地区都有工程设计施工图审查制度，这是保证工程质量的必要条件。

《建设工程质量管理条例》规定："建设单位应当将施工图设计文件报县级以上人民政府建设行政主管部门或者其他有关部门审查"，"县级以上人民政府建设行政主管部门或者交通、水利等有关部门应对施工图设计文件中涉及公共利益、公众安全、工程建设强制性标准的内容进行审查。未经审查批准的施工图设计文件，不得使用。"根据这些法律规定，原建设部也于2000年2月颁布《建筑工程施工图设计文件审查暂行办法》，对相关事项作出了具体规定。

1）施工图审查的范围和内容

《建设工程施工图设计文件审查暂行办法》规定，凡属建筑工程设计等级分级标准中的各类新建、改建、扩建的建设工程项目均须进行施工图审查。各地的具体审查范围，由省、自治区、直辖市人民政府建设行政主管部门确定。

《建设工程施工图设计文件审查暂行办法》规定，施工图审查的主要内容为：

(1) 建筑物的稳定性与安全性，包括地基基础及结构主体的安全；

(2) 是否符合消防、节能、环保、抗震、卫生、人防等有关强制标准；

(3) 是否达到规定的施工图设计深度要求；

(4) 是否损害公共利益。

施工图审查的目的是维护社会公共利益，保护社会公众的生命财产安全，因此施工图审查主要涉及社会公众利益、公众安全方面的问题。至于设计方案在经济上是否合理、技术上是否保守、设计方案是否可以改进等这些主要只涉及业主利益的问题，不属施工图审查的范围。当然，在施工图审查中如发现这方面的问题，也可提出建议，由业主自行决定是否进行修改。如业主另行委托，也可进行这方面的审查。

2）施工图审查机构

施工图审查的专业性和技术性都非常强，一般政府公务人员难以完成，所以必须由政府主管部门审定批准的专门机构来承担，它是具有独立法人资格的公益性中介组织。《建设工程施工图设计文件审查暂行办法》规定，符合下列条件的机构方可承担施工图审查工作：

(1) 具有独立法人资格；

(2) 具有符合设计审查条件的工程技术人员，不同级别的审查单位有不同的人员配备要求；

(3) 有固定的工作场所，注册资金不少于20万元；

(4) 有健全的技术管理和质量保证体系；

(5) 审查人员应熟练掌握国家和地方现行的强制性标准、规范。

设计审查人员必须具备的条件为：

(1) 具有10年以上结构设计工作经验，独立完成过五项二级以上（含二级）工程设计；

（2）获准注册的一级注册结构工程师，并具有高级工程师职称；

（3）年满35周岁并不超过65周岁；

（4）有独立工作能力，并有一定语言文字表达能力；

（5）有良好的职业道德。

凡符合上述条件的直辖市、计划单列市、省会城市的设计审查机构，由省、自治区、自辖市建设行政主管部门初审后，报国务院建设行政主管部门审批，并颁发施工图设计审查许可证；其他城市的设计审查机构由省级建设行政主管部门审批，并颁发施工图设计审查许可证。取得施工图设计审查许可证的机构，方可承担审查工作。

建设单位或设计单位对审查机构作出的审查报告存在重大分歧意见时，可由建设单位或设计单位向所在省、自治区、直辖市人民政府建设行政主管部门提出复查申请，主管部门组织专家论证并作出复查结果。

3）施工图审查的程序

设计单位在施工图完成后，建设单位应将施工图连同该项目批准立项的文件或初步设计批准文件及主要的初步设计文件一起报送建设行政主管部门，由建设行政主管部门委托有关审查机构进行审查。

施工图审查是建设程序的审批环节，而非业主的市场行为。所以，在现阶段由业主向有审批权的政府主管部门报批，再由主管部门交由审查机构审查，而不能由业主自行委托审查机构审查。

4）施工图审查的要求

（1）审查机构在审查结束后，应向建设行政主管部门提交书面的项目施工图审查报告，报告应有审查人员签字、审查机构盖章。

（2）对于审查合格的项目，主管机构收到审查报告后，应及时向建设单位通报审查结果，并颁发施工图审查批准书；审查不合格的项目，由审查机构提出书面意见，将施工图退回建设单位，交由原设计单位修改后，重新报送。

（3）机构在收到审查材料后，一般项目应在20个工作日内，特级、一级项目应在30个工作日内完成审查工作，并提出工作报告。重大及技术复杂项目可适当延长。

（4）施工图一经审查批准，不得擅自进行修改。如遇特殊情况需要进行涉及审查主要内容的修改时，必须重新报请原审批部门委托审查机构审查，并经批准后方能实施。

（5）图审查所需经费，由施工图审查机构向建设单位收取。

5）施工图审查各方的责任

（1）设计单位的责任

勘察设计单位及设计人必须对自己的勘察设计文件质量负责，这是《建设工程质量管理条例》、《建设工程勘察设计管理条例》等明确规定的，也是国际通行规则。审查机构的审查只是一种监督行为，它只承担间接的审查责任，其直接责任仍由设计单位及个人承担。如因设计质量存在问题而造成损失时，业主只能向设计单位和设计人员追究，审查机构和审查人员在法律上并不承担赔偿责任。

（2）审查机构的责任

审查机构和审查人员对设计质量问题的失察，被视为失职行为，审查机构和审查人员必须直接承担失职责任。依据具体事实和相关情节，这些责任可分为经济责任、行政责任和刑事责任。

（3）政府主管部门的责任

依据相关法律规定，政府各级建设行政主管部门在施工图审查中享有行政审批权，主要负责行政监督管理和程序性审批工作，它对设计文件的质量不承担直接责任，但对其审批工作的质量负有不可推卸的责任，这个责任具体表现为行政责任和刑事责任。

4.3.6　设计文件的修改

设计文件是工程建设的主要依据，经批准后，就具有一定的严肃性，建设单位、施工单位、监理单位不得任意修改建设工程勘察、设计文件。

确需修改建设工程勘察、设计文件的，应当由原工程勘察、设计单位修改，或经原工程勘察、设计单位书面同意，建设单位委托其他具有相应资质的建设工程勘察、设计单位修改。修改单位对修改的勘察、设计文件应承担相应责任。

施工单位、监理单位发现建设工程勘察、设计文件不符合工程建设强制性标准、合同约定质量要求的，应当报告建设单位，建设单位有权要求建设工程勘察、设计单位对建设工程勘察、设计文件进行补充、修改。

建设工程勘察、设计文件内容需要做涉及计划任务书的重大修改，如建设规模、产品方案、建设地点、主要协作关系等方面的修改，建设单位应当报经原审批机关批准后方可修改。

4.4　工程实施阶段

大中型建设项目批准立项之后，建设单位可根据计划要求的建设进度和实际工作情况组成项目团队，负责建设准备工作。建设准备工作的主要内容有：根据经过批准的基建计划和设计文件，提报物资申请计划，组织大型专用设备，预先安排特殊材料预订货，落实地方建筑材料的供应；办理征地、拆迁手续；落实水、电、路等外部条件和施工力量。待上述准备工作就绪，设计文件通过审批之后，方可进行施工招标。

这一阶段是将工程建设项目的蓝图实现为固定资产的过程，具体可划分成施工准备、组织施工和竣工验收三个步骤。

4.4.1　施工准备

施工准备包括施工单位在技术、物资方面的准备和建设单位取得开工许可两方面内容。

1）施工单位在技术、物资方面的准备

工程施工涉及的因素多，过程复杂，所以施工单位在接到施工图后，必须做好细致的施工准备工作。它包括熟悉、审查图纸，编制施工组织设计，向下属单位进行计划、技术、质量、安全、经济责任的交底，下达施工任务书，准备工程施工所需的设备、材料等活动。

2）建设单位取得开工许可

当建设单位已经办好该工程用地批准手续，拆迁进度满足施工要求，施工企业已确定，有满足施工需要的施工图纸和技术资料，有保证工程质量和安全的具体措施，建设资金已落实并满足有关法律、法规规定的其他条件时，方可按国家有关规定向工程所在地县级以上人民政府建设行政主管部门申领施工许可证。

取得施工许可证后，应自批准之日起三个月内组织开工，若因故不能按期开工，可向发证机关申请延期，延期以两次为限，每次不超过三个月。否则，已批准的施工许可证自行作废。

4.4.2　组织施工

工程准备工作就绪，由建设单位与施工单位共同提出开工报告，按初步设计审批权限报批，经批准后就可开工了。

组织施工是工程项目建设的实施阶段。施工单位应按照建筑安装承包合同规定的权利、义务进行。施工安装必须严格按照施工图进行，如需变动，应取得设计单位同意。施工安装单位应按照施工安装顺序合理组织施工安装，施工安装过程中要严格遵守设计要求和施工安装验收规范及操作标准，保证工程质量。

在组织施工阶段，设计人员需要进行施工配合工作，通常包括：施工前向建设、施工、监理等单位进行设计技术交底；解决施工过程中出现的问题，配合出工程洽商或修改（补充）图纸；参加隐蔽工程或局部工程验收。施工基本完成后，参加竣工验收，检查是否满足设计文件和相关标准的要求，对不满足之处提出整改意见。

1）设计技术交底

设计单位参加技术交底人员主要有设计总负责人和各专业负责人。技术交底的主要内容有：

（1）介绍建筑类别、面积、工程等级、层数、层高、室内外高差等工程概况；

（2）介绍结构基本情况，如地基、结构形式、特种结构、抗震设防烈度等；

（3）介绍总平面设计情况，如地形、地物、场地、建筑物及用地界线坐标、竖向、场地内各种设施（道路、铺地等）的布置；

（4）介绍建筑物功能，如平面、立面、剖面设计的简要说明，功能分区，特殊要求，防火设计，人防，地下室防水等；

（5）说明室内外装修及用料；

（6）说明需另行委托设计的复杂装修、幕墙等工程的情况；

（7）说明采用新技术、新材料及特殊建筑造型、特殊建筑构造之处；

（8）选用电梯等建筑设备的简要说明；

（9）门窗、节能、无障碍设计等其他需要说明的问题；

（10）吊顶、楼面垫层、管井、设备间等与其他专业密切相关部位的说明；

（11）建筑艺术、美观、造型方面需要交待清楚的问题。

2）施工现场配合

为更好地保障施工进度，满足设计意图，对于复杂、重要的工程或外地工程，设计单位经常派遣驻工地现场的各专业设计代表，随时配合处理施工中出现的与设计有关的问题。

对于不需派遣驻工地设计代表的工程，设计单位也须根据需要，及时主动出现场配合施工，主要工作是：

（1）参与处理由于施工质量、施工困难等施工单位和监理单位提出的设计变更和工程洽商问题。

（2）参与处理由于建设方的功能调整、使用标准变化、用料及设备选型更改等所导致的设计变更和图纸修改工作。

（3）处理由于设计错误、疏漏等原因所造成的施工困难，并及时作出设计变更和修改图纸。

（4）及时参加场外工程、隐蔽工程、结构主体工程、管线系统安装等分部工程的验收工作，认真对照原设计文件及标准规范，检查存在问题，提出整改意见及工程洽商等记录。待全面满足要求后，专业负责人或设计总负责人在验收记录单中签字。

施工现场配合中所做的工程洽商、设计变更、补充修改图纸等文件按施工图设计程序完成，凡涉及多个专业者，应由设计总负责人签发；仅涉及本专业者由专业负责人签发。上述配合施工时所产生的所有设计文件最后都需要整理归档。

4.4.3　竣工验收

工程项目按设计文件规定的内容和标准全部建成，并按规定将工程内外全部清理完毕后称为竣工。竣工验收是工程项目建设程序的最后环节。它是全面考核工程项目建设成果，检验设计和施工质量的重要环节。

《建设项目（工程）竣工验收办法》规定：凡新建、扩建、改建的基本建设项目（工程）和技术改造项目，按批准的设计文件所规定的内容建成，符合验收标准的必须及时组织验收，办理固定资产移交手续。

1）竣工验收的条件

交付竣工验收的工程，必须具备下列条件：

（1）完成建设工程设计和合同约定的各项内容；

（2）有完整的技术档案和施工管理资料；

（3）有工程使用的主要建筑材料、建筑构配件和设备的进场试验报告；

（4）有勘察、设计、施工、工程监理等单位分别签署的质量合格文件；

（5）有施工单位签署的工程保修书。

2）竣工验收的依据

竣工验收的依据是已批准的可行性研究报告、初步设计或扩大初步设计、施工图和设备技术说明书以及现行施工技术验收的规范和主管部门（公司）有关审批、修改、调整的文件等。具体应包括：

（1）上级主管部门有关项目竣工验收的文件和规定；

（2）施工承包合同；

（3）已批准的设计文件（施工图纸、设计说明书、设计变更、洽商记录等）；

（4）各种设备的技术说明书；

（5）国家和部门颁布的施工规范、质量标准、验收规范等；

（6）建筑安装工程统计规定；

（7）有关的协作配合协议书。

3）竣工验收的程序

（1）工程完工后，先由施工单位向建设单位提交工程竣工报告，申请工程竣工验收。实行监理的工程，工程竣工报告还需经总监理工程师签署意见。

（2）建设单位收到工程竣工报告后，要对符合竣工验收要求的工程，组织勘察、设计、施工、监理等单位和其他有关方面的专家组成验收组，制定验收方案。

（3）建设单位应当在工程竣工验收7个工作日前将验收的时间、地点及验收组名单书面通知负责监督该工程的质量监督机构，质量监督机构派员参加。

（4）由建设单位组织工程竣工验收，其内容包括：

① 建设、勘察、设计、施工、监理单位分别汇报工程合同履约情况以及在工程建设各个环节执行法律、法规和工程建设强制性标准的情况；

② 审阅建设、勘察、设计、施工、监理单位的工程档案资料；

③ 实地查验工程质量；

④ 对工程勘察、设计、施工、设备安装质量和各管理环节等方面作出全面评价，形成经验收组人员签署的工程竣工验收意见。

（5）建设单位履行建设工程竣工验收备案手续，在工程竣工验收合格后的15

日到县级以上人民政府建设行政主管部门或其他有关部门备案。

若参与工程竣工验收的建设、勘察、设计、施工、监理等各方不能形成一致意见，应由工程建设行政主管部门和负责质量监督机构组织协调。建设工程经验收合格后，方可交付使用。

4.5　项目后评价阶段

建设项目投产后评价是工程竣工投产、生产运营一段时间后，对项目的立项决策、设计施工、竣工投产、生产运营等全过程进行系统评价的一种技术经济活动。它是工程建设管理的一项重要内容，也是工程建设程序的最后一个环节。它可使投资主体达到总结经验、吸取教训、改进工作，不断提高项目决策水平和投资效益的目的。

4.5.1　项目后评价的阶段划分

目前我国的项目后评价机构一般分项目级、主管级和国家级三级体系，分为三个层次对项目进行后评价，分别是：建设单位的自我评价、项目所属行业（地区）主管部门的评价、各级计划部门（或主要投资主体）的评价。

1）建设单位自我评价

在建设项目竣工投产运行一段时间后，应首先由项目单位负责进行自我评价工作。该项工作应由建设单位组织，成立由项目单位和勘察、设计、施工、物资供应单位共同参与的后评价工作组织机构。参加评价工作的经济、技术人员应熟悉业务，分析评价问题客观公正，从行业及国家利益出发开展自我评价工作。

2）行业（或地区）主管部门的评价

行业（或地区）主管部门在收到项目单位报来的自我评价报告后，首先应组织专家及有关人员审查其资料是否齐全、评价依据是否全面、评价方法是否科学、评价报告是否客观以及是否具有实用价值等，进行行业评价。评价的内容可涉及行业布局、发展前景、行业所处的技术水平，该行业投资的经济效益与社会效益等。行业的后评价报告应报发改委和主要投资方。

3）各级发改委或主要投资方的评价

作为评价工作的组织者、领导者，各级发改委或主要投资方在收到项目单位和行政主管部门分别上报后评价报告后，应选择一些代表性的项目列入年度计划，进行后评价复审或重新组织后评价。该工作可委托有资格的咨询公司或组织后评价专家组实施。这样，从国民经济发展的角度，从宏观和微观方面对项目作出客观、科学的评价，吸取经验教训，提出改进建议，写出后评价报告上报，并向有关单位反馈成果。

项目后评价工作的三个阶段，虽然组织层次不同，但工作目标最终是一致的，评价程序是相互渗透的，研究的范围也是逐步扩大并加以深化的。

4.5.2 项目后评价的内容

1）目标评价

目标评价是通过项目实际产生的一些经济技术指标与项目审批决策时所确定的目标进行比较，检查项目是否达到了预期的目标，从而判断项目是否成功。

项目目标的评价是通过对项目立项审批决策时所确定的目标，与项目实际运作所产生的某些经济技术指标进行比较，检验项目是否达到了预期目标或达到目标的程度，分析实际发生变化的原因，从而判断项目是否成功。

2）效益评价

效益评价包括项目的财务评价和国民经济评价，主要分析的指标是内部收益率、净现值和贷款偿还期等反映项目盈利能力和清偿能力的指标。

3）影响评价

影响评价是指项目对于其周围地区在经济、环境和社会三个方面所产生的作用和影响。项目的影响评价应站在国家的宏观立场上，重点分析项目与整个社会发展的关系。

（1）经济影响评价主要分析评价项目对所在地区、所属行业和国家所产生的经济影响，包括：分配效果、技术进步和产业结构三个方面。

（2）项目的环境影响评价包括：污染控制对地区环境质量的影响、自然资源的保护和利用、对生态平衡的影响等。

（3）项目的社会影响评价包括：就业影响，居民生活条件和生活质量的影响，项目对当地基础设施和未来发展的影响等。

4）过程评价

项目的过程评价是根据项目的结果和作用，对项目周期的各个环节进行回顾和检查，对项目的实施效率作出评价。过程评价的内容包括：立项决策评价、勘测设计评价、施工评价、生产运营评价等。

5）持续性评价

项目的持续性评价是指项目建设完成投入运行之后，对项目的既定目标是否能按期实现，项目是否可以持续产出较好的效益，项目业主是否愿意并可以依照自己的能力继续实现既定的目标，项目是否具有可重复性等方面的评价。

项目效益的持续发挥受一定因素的制约，如政府政策因素、管理组织、财务、技术、社会文化、生态环境以及经济等因素都可能影响项目的持续性。因此仅从项目实施的情况得出评价的结论是不够全面的，还要对项目未来发展趋势进行科学的分析预测。

××××大学

学生食堂及学生活动用房项目建议书

××××招标有限责任公司

2007 年 1 月

报告编制单位：××××招标有限责任公司

项目负责人：×××高级工程师 (教授级) 注册咨询工程师（投资）

×××副校长（××××大学）

项目参加人：×××高级工程师　注册结构工程师

×××高级工程师　注册咨询工程师（投资）

×××（××××大学）

联　系　人：略

目 录

一、结论

二、建议

附件（略）

1. 建设用地证明（×××××字第×××××号、市政府批文（××）×
××字第××号）；

2. ×××规划委员会规划意见书（××××规意字条××××号）。

附图（略）

1. 项目平面布置图；

2. 项目各层平面图。

第一章　总论

一、项目概况

（一）项目名称

××××大学学生食堂及学生活动用房工程。

（二）项目法人单位

××××大学。

（三）建设地点

本项目建设地点位于××市××区××路××××大学院内。

（四）建设内容和规模

占地面积 4709㎡，总建筑面积 12785㎡。其中：地上 4 层，建筑面积 10055㎡；地下 1 层，建筑面积 2730㎡。学生食堂建筑面积为 7985㎡，学生活动中心建筑面积为 4800㎡。

（五）项目总投资

本项目总投资为 4227.1 万元，其中：建筑安装工程费 3399.3 万元；工程建设前期费 443.5 万元；拆除工程 50 万元；室外工程及绿化费 210 万元。

（六）建设期

本项目建设期为 28 个月。2007 年 1 月开始前期筹备工作，2007 年 11 月开工，2009 年 5 月竣工。

二、项目法人单位介绍

××××大学坐落在××风景秀丽的西山脚下，是一所以工科为主，理、工、文、经、管、法相结合的多科性大学。校园占地 32.05 万 ㎡，环境优美、交通便利，是××市花园式单位和文明校园。

学校前身是××××高级工业职业学校，创办于 1946 年，以后几经变迁，1978 年经国务院批准，全面举办本科高等教育，1985 年改为现名。学校先后归属于中央重工业部、冶金工业部、中国有色金属工业总公司，从 1998 年 9 月起，由中央与××市共建，以××市管理为主。学校立足××，面向全国，面向有色金属工业，重点为××经济和社会发展服务，增加了××市经济发展中急需的专业，扩大了××生源的比例，目前，××生源已占 70% 以上，为××市现代化建设提供了人才资源。

××××大学占地 32.05hm²，现有建筑面积 28 万 ㎡。学校已经形成以本科教育为主，具有研究生教育、本科教育和成人教育等多个层次的高等教育办学体系。学校设有 9 个学院，12 个教学实验中心，9 个研究设计院所。学校现有 25 个本科专业，22个硕士学位点，3个第二学士学位点。

学校现有在校生11000人，其中全日制本科生10000人，硕士研究生及二学位生1000人；另有成人教育本专科生4000人，外国留学生55人。

××××大学以培养适应社会发展需要的应用型高级专门人才为目标。学校坚持以学生为本，注重学生创新精神和应用能力的培养，努力使学生在德育、智育、体育、美育等方面全面发展，达到基础扎实、实践能力强、综合素质高的要求。学校全面实行弹性学制和学分制教学管理制度，以适应学生自主学习、全面发展的需要。学校对学生实行按课程注册管理，允许学生辅修任何本科专业，允许学生分阶段完成学业，学生可选择3~8年毕业。

三、项目主要技术经济指标

项目主要技术及经济指标表

序号	内容	单位	指标	备注
1	占地面积	m²	4709	
1.1	其中：建筑占地面积	m²	2730	
1.2	绿化占地面积	m²	1000	
1.3	道路占地面积	m²	680	
2	总建筑面积	m²	12785	
2.1	其中：学生食堂	m²	5255	
2.2	学生活动用房	m²	4800	
2.3	学生食堂附属用房（地下）	m²	1800	
2.4	设备间及附属用房（地下）	m²	930	
3	建筑高度	m	21.6	
4	建筑层数	层	5	
4.1	其中：地下	层	1	
4.2	地上	层	4	

四、建议书编制依据

1. 建设用地证明（×××××国字第××××号、市政府批文（××）×××字第××号）；

2. ××市规划委员会规划意见书（2005规意字条×××号）；

3.《普通高等学校建筑规划面积指标》（建标【1992】254号）。

五、附图

1. 项目平面布置图（略）；

2. 项目各层平面图（略）。

第二章　项目建设必要性

一、学生食堂及学生活动用房建设为满足学校急需

×××大学目前全日制学生规模已超过10000人。其中本科生9000人，硕士研究生及二学位生1000人，另有成人教育本专科生4000人，外国留学生55人，虽然教学行政用房增加很快，但学生食堂用房却增加很少。学校现有学生食堂面积6949m²（已扣减即将拆除的学生二、四、五食堂平房的面积），按照教育部制定的生均食堂面积指标和在校生人数，学校学生食堂面积严重短缺，学生就餐拥挤状况严重，学生二、四、五食堂需要拆除，因此增加学生食堂面积迫在眉睫。

×××大学学生活动用房严重短缺，学校目前没有正式的学生活动用房，学生对此反应强烈。为了满足学生开展活动和学生社团开展活动的基本要求，本次建设学生食堂时，一并考虑解决学生开展课余活动用房问题。因此建设学生活动用房非常必要。

二、新食堂建设是解决部分食堂房屋安全隐患的需要

×××大学建校早，学生二、四、五食堂平房存在诸多安全隐患。

（一）房屋结构存在着安全隐患

×××大学学生二、四、五食堂平房是由1953年建设的砖木结构大礼堂改建的，其人字柁木屋架跨度为20m，墙体的砌筑使用的是白灰砂浆，房屋安全性较差。该平房在遭受1976年唐山大地震的破坏后，人字柁木屋架和墙体已多处出现裂纹，虽经抗震加固和防火处理，但终因该房屋已超过设计使用年限和房屋结构的先天不足以及房屋的损坏，目前仍然存在着严重的结构安全隐患。

（二）存在着火灾隐患

由于×××大学学生二、四、五食堂是由木结构的礼堂改建的，而且学生食堂加工主、副食时又是使用的明火，其火灾隐患极为突出，目前已经不能完全满足现行消防规范的要求，对此，××区消防部门已多次建议学校要重视和解决此问题。

三、新食堂建设是解决食品安全隐患的需要

由于×××大学学生二、四、五食堂是由木结构的礼堂改建的，食堂操作间的布局、主副食加工的流程都不符合规范要求，虽经采取一定的措施，但仍然存在着食品卫生安全隐患。

学生食堂是人群密集的场所，房屋安全和食品卫生又涉及学生的人身安全问题，为防患于未然，应尽快拆除该房屋，建设新的学生食堂。

第三章 需求分析

××××大学近年来学生规模发展很快，学生规模已超过10000人。其中本科生9000人，硕士研究生及二学位生1000人，另有成人教育本专科生4000人，外国留学生55人。

一、××××大学学生食堂用房需求分析

按照《普通高等学校建筑规划面积指标》（建标【1992】254号）关于学生食堂用房有关规划指标计算如下：

××××大学全日制本科生10000人，硕士研究生及二学位生1000人，另有成人教育本专科生4000人，外国留学生55人。

学校自然规模：$10000 + 1000 \times 1.5 + 4000 \times 0.9 + 55 \times 3 = 15265$ 人

按照学校类别，××××大学学生食堂用房规划指标为：$1.3m^2/$生。

规划食堂建筑面积：$15265 \times 1.3 = 19845m^2$

加一般采暖补助后：$19845 \times 1.04 = 20639m^2$

现有食堂建筑面积：$6949m^2$

现食堂需求建筑面积：$20639 - 6949 = 13690m^2$

即，按照目前××××大学在校学生数量计算，食堂规划建筑面积应为$20639m^2$，目前食堂实际面积为$6949m^2$，差值为$13690m^2$。根据学校实际发展情况，本次学生食堂计划建设面积为$7985m^2$。

二、××××大学学生活动用房需求分析

按照《普通高等学校建筑规划面积指标》（建标【1992】254号）关于生活福利及其他附属用房有关规划指标计算如下：

学校自然规模：15265人。

按照学校类别，××××大学生活福利及其他附属用房规划指标为：$2.09m^2/$生。

规划生活福利及其他附属用房建筑面积：$15265 \times 2.09 = 44268m^2$

现有生活福利及其他附属用房建筑面积：$6949m^2$

现生活福利及其他附属用房需求建筑面积：$44268 - 6949 = 37319m^2$

即，按照目前××××大学在校人员数量计算，生活福利及其他附属用房（含学生活动用房）尚需建筑面积应为$37319m^2$，目前尚无学生活动用房，本次与学生食堂建设一并进行，计划建设面积为$4800m^2$。

第四章　项目选址与建设条件

一、项目选址

本项目位于××××大学校园北校区的东侧，总占地面积4709m²（详见附图：项目平面布置图），符合校园总体规划。

二、场地现状

本项目建设用地为校园东侧学生二、四、五食堂现有占地，拟拆除上述食堂建设本项目，土地使用权归××××大学。拟建建筑物占地范围内没有地下管线等设施，现场具备建设用地条件。

三、道路交通

本项目建设地点四周有校园道路，交通便利。项目大楼一层西侧将设主出入口，北侧、南侧将设学生就餐的出入口，东侧将设工作人员出入口和运输通道。

四、市政配套条件

本项目市政配套设施齐全，供水、供电、供暖、供气、排污等均与校区管网连接，均能满足本项目的使用要求。

第五章　建设方案

一、学生食堂及学生活动用房工程的建设规模

本项目总占地面积为4709m²，其中建筑物占地面积为2730m²，绿化占地面积1000m²、道路占地面积680m²。本项目总建筑面积12785m²，地面至檐口高度21.6m，共5层，其中地下1层、地上4层。房屋用途：地下1层和地上1~2层为学生食堂用房，地上3~4层为学生活动用房。主要技术指标如下表所示：

学生食堂及活动用房项目技术指标表

序号	内容		单位	指标	备注
1	总占地面积		m²	4709	
	其中	建筑物占地面积	m²	2730	
		绿化占地面积	m²	1000	
		道路占地面积	m²	680	

序号	内容		单位	指标	备注
2	其中	总建筑面积	m²	12785	
		学生食堂面积	m²	5255	
		学生活动用房面积	m²	4800	
		地下室面积	m²	2730	
3	建筑层数		层	地上4层、地下1层	
4	容积率			2.72	
5	建筑密度		%	58	
6	绿地率		%	21	
7	建筑高度		m	21.6	

二、学生食堂及学生活动用房工程的建设方案

(一) 总平面设计

本项目占地4709m²，东邻住宅楼，西邻学校文化广场，北邻红叶公寓，南邻学生一食堂。

总平面设计在满足校园总体规划、各单体建筑之间的防火间距、交通组织以及室内日照采光等要求的前提下，结合本地块的情况，力求使本项目在建成后，能营造一种和谐、舒适的精神氛围，以利学生就餐等生活环境的改善，方便学生活动的开展。

本项目建筑平面设计呈方形，楼的西侧设有学生主出入口，北侧设有第二学生出入口并设有残疾人进出坡道。北侧还设有服务人员单独出入口，以防止工作人员出入与学生互相干扰，并且利于人流的集散。本项目周围留有一定的绿化用地，南侧、北侧、西侧保留了原有树木，以利提高绿化率。

(二) 建筑交通设计

本项目交通组织设计主要考虑有利于人流的集散，首层平面西出入口是主出入口，面对校园内交通道路，北侧、南侧出入口面对校内道路，便于就餐人流疏散。东侧和北侧设有炊事人员专用出入口，便于人员分流。首层西侧设有主门厅、电梯间、楼梯间等。

(三) 建筑设计

1. 本项目主要是学生食堂用房和学生活动用房，其中地上1~2层为学生食堂，3~4层为学生活动用房。

2. 学生食堂包括餐厅、厨房及附属用房（主副食加工间、主副食库、餐具库、冷库、配餐间、炊事员更衣室、休息室、淋浴室、厕所、食堂办公室等）。

3. 地下设1层，为食堂库房、初加工间、设备用房和附属用房。

4. 各层均设楼梯间、卫生间等。

（四）建筑结构设计

本项目主体结构为钢筋混凝土框架结构，柱网规整，受力明确，有利于保证工程安全性。

（五）建筑防火与疏散设计

本项目的防火与疏散按国家现行规范执行。按二级耐火等级设计，室外设消防通道，楼内设防火分区、防火墙、防火门，同时设有自动报警和自动喷洒装置。其他消防设备及其布置也按国家现行规范执行。

本项目将人流大量集中的学生食堂全部设在1~2层，并设有多处疏散出口，疏散出口门采用自动外开门闩，使师生在紧急情况下可迅速疏散到室外。

（六）建筑造型及色彩设计

本项目主体建筑地上4层，在形体上采用虚实对比、简洁明快的手法，塑造出别有特色的主体形象。由于平面布局呈方形，故立面整体造型丰富、错落有序，建筑从任何角度都可获得良好的视觉效果和时代感。在色彩上采用灰色、白色的组合，既独特高雅，又使建筑整体个性鲜明。

（七）给排水设计

1. 给水：由校园给水管网引入一条供水管为本楼供水。另设中水回用管线，用以冲刷厕所。

2. 排水：本项目污水主要是生活污水和厨房污水，生活污水经管道收集后，排至室外污水管线，再经化粪池排入市政污水管网；厨房污水经室外隔油池处理后经化粪池排入市政污水管网。

雨水经单独的管线排入市政雨水管网。

（八）供暖系统

供暖热源为学校原有供暖锅炉，经过扩容后总容量为36t，可以满足本项目的需求。

（九）空调系统

本项目学生食堂和学生活动用房均设空调系统，采用中央空调，机房设在地下1层。

（十）通风系统

本项目最大限度利用自然通风，使所有主要房间、楼梯间和走廊均有自然通风和采光，以保证楼内空气清新。无自然通风条件的地下房间和厨房，均采取机械通风和排烟设备，以保证通风和排烟。

（十一）电气系统

1. 强电：由于本项目大部分房间为学生食堂用房和学生课外活动用房，用电设备较多，同时考虑安装中央空调等，因此用电量较大，在本楼地下单独设电控室为其供电，其电源由学校总变电室通过地下电缆引入。

2. 弱电：本项目设有综合布线系统、图像语音接收传送系统、数据采集和管理系统、防火监控设备以及保安防盗设备等。

（十二）燃气系统

本项目使用天然气作为燃料，供应范围为学生食堂和风味小吃的厨房，属清洁能源，此部分委托天然气公司的设计部门进行设计。

第六章　环境保护、节能与消防

一、环境保护

本项目涉及环境保护方面的内容主要有污水处理、固体废物处理、排烟处理、防噪声处理及施工期间环境保护等方面。

（一）污水处理

本项目污水主要是生活污水，包括卫生间污水和厨房及餐厅污水。

卫生间污水和厨房、餐厅污水经化粪池和隔油池处理后，排入市政污水管道；普通生活废水经中水设施处理后回用。

（二）固体废物处理

本项目产生的固体废物主要是生活垃圾。

1. 生活垃圾：各层分别设置卫生人员予以清扫，将垃圾分类封闭储存，每日由卫生人员清运。

2. 学生食堂垃圾：产生的垃圾主要是一些蔬菜、副食等的废弃物，无毒无害，对此将分类储存并由卫生清扫人员送往指定地点。

（三）排烟处理

本项目中的学生食堂所用的燃料为天然气，属清洁能源。食堂在主副食加工中产生的炊烟，将用符合国家标准的净化设备处理，达到环保要求后排出。

（四）防噪声处理

噪声主要来源于送、排风系统及空调系统等机电设备在运转时发出的机械噪声。

设备选型时采用低噪声设备，风机选用低噪声的轴流风机，同时对设备专用房采用隔声处理。

（五）施工期间环境保护

项目在施工过程中，机械设备噪声及施工过程中粉尘对周围人群和环境会造成影响。因此在施工过程中对噪声较大的机械设备加隔声装置，对浮土进行覆盖，同时使用商品混凝土，以降低粉尘量。

二、节能

为使项目的建设达到××市节能建筑标准，做到合理利用能源和节约能源，拟采用以下降耗措施：

（一）节电

1. 采用紧凑型荧光灯、细径直管荧光灯等新型高效光源及电子镇流器，降低照明用电量。

2. 一切能耗设备，如变压器、空调、风机，均选用最新节能产品。

（二）节水

水龙头、截门以及卫生器具采用节水型新产品。

（三）建筑节能

1. 本项目应严格遵照××市《公共建筑节能设计标准（DBJ01—621—2005）》进行各项细部设计。

2. 建筑物外墙、顶棚、楼板，供暖、制冷管线以及其他围护结构采用新型保温隔热材料。

3. 供暖、供电、供气、供水系统采用合理的工艺流程，尽可能降低途中消耗并配装能源计量仪表。

三、消防

除建筑物设计严格遵照《建筑设计防火规范》（GB 50016—2006）规定执行外，尚需依据《火灾自动报警系统设计规范（GB 50116—98）》、《自动喷水灭火系统设计规范（GB 84—85）》、《二氧化碳灭火系统设计规范（1999年版）》，为确保项目的消防安全，拟设置火灾自动报警系统、自动喷淋灭火系统、消火栓灭火系统、手提式灭火系统等消防设施。

（一）火灾自动报警系统

在学生食堂及活动用房1层设有消防控制中心。火灾信号被探测器或手控报警装置采集后，迅速送达消防控制中心。控制中心接收到火灾信号，通过联动装置发出各项指令，启动消防设施，引导人员疏散，减少火灾损失。

在学生食堂及活动用房内布置探测器，此外，在各重要部位、走廊、楼梯及建筑物入口处还安装手控报警装置。

消防控制中心的消防控制设备应具备下列联动功能：

1. 显示火灾报警部位；

2. 消防设备的位置（平面图或模拟图）；

3. 接收火灾报警，发出火灾的声光信号，事故广播和安全疏散指令；

4. 控制消防设施的启、关，并显示其工作状态；

5. 控制排烟阀开启、排烟风机启动，空调、送风机、防火门等关闭。

（二）自动喷淋灭火系统

学生食堂及活动用房建筑内部设置集中空调的房间和规范要求的房间均设闭式自动喷水灭火系统。

每个喷淋头的保护面积为12m²，失火以后喷淋头表面温度达到它的破碎温度时，喷头喷淋，及时扑灭火灾。

（三）消火栓灭火系统

消火栓灭火系统由室外消火栓和室内消火栓两部分组成。

1. 室外消火栓

室外消火栓沿建筑均匀布置，距建筑物外墙距离不小于5m，且不大于40m。

2. 室内消火栓

根据设计规范，在过厅、走道、楼梯、电梯前室等处合理布置消火栓。消火栓的间距以保证同层任何部位有两个消火栓的水枪充实水柱同时到达为度。

（四）手提式灭火系统

依据现行规范要求，在建筑物内部分层搁置手提式灭火器，以备及时扑救小范围的火灾。

第七章　项目组织实施方式和建设进度

一、成立筹建组

××××大学在筹建期间将设立筹建小组，负责工程的筹建工作。筹建小组负责项目的各项工作，从项目前期开始，直至项目竣工验收和固定资产移交。

二、工程招、投标

本工程建设拟按照××市有关建设工程招标、投标的有关规定，通过公开招标方式，选择设计、监理和施工单位，并对项目的重要设备材料等也采取公开招标。

三、建设进度

本项目建设期暂定为28个月。具体进度安排见下表。

项目建设进度表

内容	2007年												2008年												2009年				
	1	2	3	4	5	6	7	8	9	10	11	12	1	2	3	4	5	6	7	8	9	10	11	12	1	2	3	4	5
项目前期管理																													
工程主体结构施工																													
室外装修及设备安装																													
室外管线、道路和绿化																													
竣工验收及移交																													

第八章 投资估算与资金筹措

一、投资估算

(一) 投资估算编制说明

1. 根据本项目拟定的建设规模、建筑方案、相关系统设计要求进行估算，投资估算所涉及的费用主要包括项目前期费用（含拆迁费用）、建筑安装工程费用、室外工程费用等。

2. 本项目建设用地系学校已有土地。

3. 本项目建筑安装工程费用参照近年来××市类似工程竣工决算资料，并根据建设时间、规模、标准等方面的差异进行合理调整，按单方造价指标进行估算。

4. 本项目前期工程费主要有可行性研究费、原旧房拆迁费、工程勘察费、设计费、工程相关费等。

(二) 投资估算所涉及的费用标准，均按国家或××市规定的标准执行。

(三) 投资估算结果

本项目总投资为4227.1万元，其中建筑安装工程费3399.3万元；工程建设前期费443.5万元；拆除工程50万元；室外工程及绿化费210万元。具体见下表。

××××大学学生食堂及学生活动用房工程投资估算

序号	项目	建筑面积 (m²)	工程费用 (万元)	建设工程其他费用	合计	备注
一	工程费用	12785	3399.3		3399.3	80.42%
(一)	主体工程	4414	3139.3		3139.3	
1	土建工程		3139.3		3139.3	
1.1	建筑结构工程	12785	662.1		662.1	
1.2	装饰工程	12785	1252.9		1252.9	
2	给排水及消防工程					
2.1	给排水工程	12785	76.7		76.7	
2.2	消防工程	12785	51.1		51.1	
3	采暖通风空调工程					
3.1	采暖通风	12785	76.7		76.7	
3.2	空调工程	12785	409.1		409.1	
4	配电照明工程					
4.1	配电照明工程	12785	115.1		115.1	
4.2	动力配电系统	12785	153.4		153.4	

续表

序号	项目	建筑面积 (m²)	工程费用 (万元)	建设工程 其他费用	合计	备注
4.3	防雷接地系统	12785	19.2		19.2	
5	弱电工程					
5.1	火灾报警及消防联动	12785	51.1		51.1	
5.2	综合布线系统	10785	43.1		43.1	
5.3	保安监控系统	10785	37.7		37.7	
5.4	广播系统	10785	12.9		12.9	
5.5	有线电视系统	10785	16.2		16.2	
5.6	食堂电子管理系统	7985	31.9		31.9	
6	燃气工程					
6.1	食堂燃气工程	7985	63.9		63.9	
7	电梯工程					
7.1	电梯工程		66.0		66.0	
(二)	室外工程		210.0		210.0	
1	室外道路工程		70.0		70.0	
2	绿化		35.0		35.0	
3	室外照明工程		5.0		5.0	
4	室外管网工程		60.0		60.0	
5	室外电力电缆		40		40.0	
(三)	拆除工程		50.0		50.0	
1	拆除现有建筑物	10000	50.0		50.0	
二	工程建设其他费用			443.5	443.5	10.49%
1	建设单位管理费			43.8	43.8	
2	项目建议书编制费			3.5	3.5	
3	可研编制费			5.5	5.5	
4	环境影响评估费			5.0	5.0	
5	交通影响评价费			5.0	5.0	
6	地震评价费			4.0	4.0	
7	树木调查费			4.0	4.0	
8	城市基础设施建设费			127.9	127.9	
9	勘察费			15.0	15.0	
10	设计费			115.1	115.1	
11	施工图预算编制费			11.5	11.5	
12	竣工图编制费			9.2	9.2	
13	施工图审查费			6.4	6.4	
14	工程监理费			61.2	61.2	
15	工程保险费			8.5	8.5	

序号	项目	建筑面积 (m²)	工程费用 (万元)	建设工程 其他费用	合计	备注
16	工程招标代理费			18.0	18.0	
三	预备费			384.3	384.3	9.09%
1	基本预备费			384.3	384.3	
四	合计				4227.1	

二、资金使用计划

根据进度安排，本项目自 2007 年 1 月开始前期工作，到 2009 年 5 月全部竣工，各项资金使用计划如下：

1. 建筑安装工程费用：根据进度计划，2007 年安排 30%、2008 年安排 70%。
2. 工程建设前期费：2007 年安排 100%。
3. 室外工程及绿化费：2007～2008 年根据情况使用。

三、资金筹措

本项目总投资 4227.1 万元，拟申请政府固定资产投资解决。

第九章 结论与建议

一、结论

（一）学生食堂用房和学生活动用房的建设是必要的

本项目是解决学校急需学生食堂用房和学生活动用房的需要，同时也是解决现有部分学生食堂结构及食品安全隐患的需要，因此，学生食堂用房和学生活动用房的建设是必要的。

（二）学生食堂用房和学生活动用房的建设条件已经具备

1. 建设项目用地已经具备，学校已做好拆除项目用地旧房的准备。

2. 市政设施条件完全具备，供水、供电、供暖、供气、排污等条件均与校园内管线连接，而且容量能满足需要。

（三）建设内容和规模

学生食堂用房和学生活动用房项目占地面积 4709m²，总建筑面积 12785m²。其中：地上 4 层，建筑面积 10055m²；地下 1 层，建筑面积 2730m²。学生食堂建筑面积为 7985m²，学生活动中心建筑面积为 4800m²。

（四）项目总投资

本项目总投资为 4227.1 万元，其中建筑安装工程费 3399.3 万元；工程建设前期费 443.5 万元；拆除工程 50 万元；室外工程及绿化费 210 万元。

（五）资金筹措方式

本项目总投资 4227.1 万元，拟申请政府固定资产投资解决。

（六）建设期

本项目建设期为 28 个月。2007 年 1 月开始前期筹备工作，2007 年 11 月开工，2009 年 5 月竣工。

二、建议

（一）本项目为政府投资的社会公益项目，为了保证项目质量、进度和投资，建议××××大学委托专业咨询机构实施项目前期管理。

（二）建议建设单位尽早确定设计方案，做好前期工作，保证项目的顺利实施。为保证本项目如期建成，应严格进行建设工期管理。

附录2：可行性研究报告示例

××××大学

校园总体规划(2003~2015年)可行性研究报告

××××大学校园总体规划（2003~2015年）

可行性研究报告编制人员：

××××大学校园总体规划（2003~2015年）

可行性研究报告编制领导小组：

组长：×××

成员：×××　××　×××　×××

××××大学校园总体规划（2003~2015年）

可行性研究报告编制项目组：

组长：××

成员：××　××　××××　××　×××　××　×××

目　录

一、建设项目名称及性质

（一）名称：××××大学校园总体规划

性质：扩建。

（二）××××大学发展的历史沿革

××××大学的前身是国立××高级工业职业学校，创办于1946年。1952年迁至现址，以后几经变迁，1978年经国务院批准，成立××××××学院，隶属原冶金工业部领导。1985年学校易名为××××大学，隶属原中国有色金属工业总公司领导。1998年高校体制改革后，改由中央与××市共建，以××市管理为主。领导体制改革后，学校加大了为地方经济服务的力度，扩大了地方生源的比例，将地方生源从1998年以前的10%提高到50%，增设了地方经济发展中急需的微电子等10个专业和10个硕士学位点，为××现代化建设提供了人才资源。目前，××××大学办学规模已发展成万人，专业设置跨越理、工、文、管、法、经、艺等7个学科门类，已成为一所以工为主的多科性大学。

（三）目前学校的基本情况

××××大学座落在××市××区××路×号，占地32.05hm²，校舍建筑面积21万m²（不含校外4万m²大学生公寓）。2003年全日制本专科在校生达到9000余人，研究生、同等学力、二学位等在校生340余人，函授、夜大生3000余人。学校实行校、院两级管理，现设有机电工程学院、电子信息工程学院、经济管理学院、建筑学院、人文社科学院、理学院、艺术学院、高等职业技术学院和成人教育学院等9个学院。学校现有12个硕士点、19个本科专业、5个高职专业、29个学科、9个实验中心以及图书馆、艺术馆、电化与远程教育中心、计算中心和体育中心。学校已建成计算机校园网，基本实现了计算机管理和查询。××××大学已经形成具有专科、本科、硕士研究生教育等多层次和包含全日制与成人教育两种类型的高等教育体系。近几年来，学校在办学规模、教学质量、科研水平、办学条件、深化改革等方面都得到了快速发展，为学校今后实现规划目标打下了基础。

二、扩建的必要性及承担的主要任务

（一）学校的地位和作用

近年来，学校科研工作取得显著成效，尤其在现场总线技术基于网络的自动化控制系统与装置的研发、计算机辅助设计与制造、模糊控制在工业中的应用、网络技术、控制仪器仪表、数控技术、电动车技术、绿色电源、法庭统计及金融统计、经济法及公司法等的基础理论研究和技术应用方面取得了多项成果，为国民经济建设做出了贡献。"十五"期间，××市将重点支持我校发展电子科学与技术等专业，把我校建设成××市微电子人才培养和技术服务基地，以适应地方经济结构调整和高新技术产业发展的需要。

(二) 学校的办学方向和特点

学校的办学方向是以本科教育为主，积极发展研究生教育，形成具有硕士研究生、二学位、本科、专科教育等多层次以及普通高等教育、高等职业教育与成人教育多种类型的高等教育办学体系。以培养高素质的应用型高级专门人才为目标，立足于地方，面向全国，面向有色金属工业，重点为地方经济和社会发展服务。

学校的办学特点是坚持以学生为本，注重学生创新精神和应用能力的培养，努力使受教育者在德、智、体、美等方面全面发展。达到基础扎实、知识面宽、实践创新能力强、综合素质高的要求。学校已全面实行弹性学分制的教学管理制度，即实行按课程注册管理，允许辅修任何本科专业，允许分阶段完成学业，允许选择3~8年毕业等，以适应学生自主学习、全面发展的需要。

(三) 扩建的必要性

1. 校园现状与分析

(1) 用地状况

××××大学现占地32.05hm²，中间被市政道路隔成三块，其中北校区（以下简称A区）占地19.44hm²，西南校区即运动场区（以下简称B区）占地4.94hm²，东南校区（以下简称C区）占地7.67hm²。由于征地年代不同（A区是20世纪50年代征地、B区是20世纪80年代征地、C区是2003年征地）给校园规划带来一些局限性，本次校园规划将对32.05hm²土地进行全面的统一规划。

(2) 建筑规模现状

××××大学现校址建于1952年，现有建筑面积21万m²，其中各种教学用房10万m²，学生宿舍4.48万m²（不包括校外大学生公寓4.0万m²），各种生活福利及附属用房1.92万m²，家属住宅4.6万m²。

(3) 校园现状分析

① ××××大学校园现状是过去不同年代建设形成的，校园被市政道路（晋元庄路与八角东街）分割为三个区域，造成校园建筑布局不合理，并严重影响学校教学及管理的正常运行。

② 现有校舍建筑面积与住房和城乡建设部等三部委制定的面积指标相比，学

校教室、实验室、图书馆、学生宿舍、学生食堂等面积还有一定的缺口，学生活动场地也不能满足要求。

③老校区（A、B两区）内大多数建筑及各种地下管线为20世纪50~70年代所建，房屋质量普遍较差，各种管线跑冒滴漏等现象严重，日常维修费用负担沉重。而且这些建筑大多数高度偏低（3~5层），分布太散，容积率低，造成土地浪费。

④老校区（A、B两区）校园内道路功能不明确，人车混流，干扰正常的教学及生活秩序，只能靠交通管制手段来暂时缓解。

⑤老校区（A、B两区）校园现状分区是由于征地年代的不同而自然形成的，A区的西部为教学行政区，中部为学生生活服务区，东部为家属住宅和部分学生公寓居住区，B区北侧为运动场馆区，各地段有不同程度的功能混杂现象，需要调整。

⑥老校区（A区）校园绿化现状良好，是××市连续多年的"花园式单位"，但是部分绿化老化，需进一步更新改造，特别是第一教学楼前广场中心花园、毓秀园和古松园东西延长线上的绿化急需重新规划调整。

⑦2003年新征土地（C区）需要纳入校园总体规划之中统一规划。

2. 扩建的必要性

（1）校园现状不适应办学规模发展的需要

原校园总体规划设计批准于1996年，当时在校生3000多人，建筑面积在13万平方米左右。经过近几年的快速发展，2003年在校生已达到9340人，建筑面积达21万平方米。按"十五"规划要求学校办学规模将达到15000人，其中在校生为12000人，建筑面积将达28万m^2。面对高等教育办学规模的快速发展，原校园总体规划和现状已不适应今后学校办学规模发展的需要。

为了支持学校的发展，市教委、发改委、规委、土地管理等部门已批准我校新征土地建设东南校区，本次调整校园规划时，须与老校区一起进行全面规划，以适应学校规模发展的需要。

（2）校园现状不适应新专业设置、学科建设等的需要

随着科学技术的进步和经济发展水平的提高，随着学校为地方经济建设和社会发展服务的重点转移，学校需要对传统专业、学科进行改造，建设一些适应地方经济建设与发展需要的新专业、新学科、新的实验室、新的教学基地和科研场所。目前学校已从一个普通的工科院校发展成为以工为主，理、工、文、管、法、经、艺相结合的多科性大学，原校园规划和现状已满足不了专业设置、学科建设等的需要。

（3）校园现状不适应后勤社会化改革的需要

人们对客观事物的认识是不断发展的，今天人们对校园规划的认识与过去有很大不同。原校园规划把教学用房、学生宿舍、教工住宅等建筑都规划在校园内，

而今天，校园内不再建设教工住宅，鼓励和支持教职工在校外解决住宅。学生住宿条件也要大力改善，生均住宿面积标准有了较大提高，最终要实现"421"的目标。后勤社会化改革后，部分福利及附属用房也可作适当调整，把腾出的房子和土地用于教学。所以，原校园规划和现状已远不适应当前高等教育快速发展的需要。

(4) 校园现状不适应优化环境的需要

学校的校园现状是分阶段形成的，20世纪50年代校园土地只有19.44hm^2，主要建筑均集中在A区范围内，特别是在20世纪50~70年代建设的楼房均为3~5层，建筑占地面积很多，建筑密度大。20世纪80年代征地4.94hm^{2}建设运动场、游泳池和体育馆。目前又在征地建设东南校区。尽管在征地的各个阶段对所征土地都进行过校园规划，现在从总体看对优化校园环境仍有一定的局限性。因此，必须要对整个校园进行统一的环境规划。在保证功能分区的原则下，对建筑物进行合理布局和外观设计，同时进行环境优化设计，创造人文景观和良好的育人环境。

三、在校生规模、专业设置及学制

(一) 在校生规模

至2005年，在校生将达到15000人，其中全日制本专科生和研究生、同等学力、二学位、留学生等在校生规模达到12000人。另有夜大、函授等非全日制学生3000多人。我校2005年、2010年在校生规模及构成详见《2005年、2010年在校生规模（本专科）及构成一览表》、《2005年、2010年在校生规模（研究生、同等学力及二学位）及构成一览表》。

2005年、2010年在校生规模（本专科）及构成一览表

序号	专业	2005年（人）			2010年（人）		
		招生	毕业	在校	招生	毕业	在校
	合计	2680	2265	10562	2680	2680	10997
	本科合计	2500	1983	9962	2500	2500	10457
1	自动化	190	231	839	120	190	577
2	机械设计制造及自动化	140	170	554	120	140	515
3	计算机科学与技术	190	188	767	120	190	508
4	电子信息工程	130	136	518	120	130	513
5	通信工程	130		325	120	130	500
6	微电子学	65		195	120	130	500
7	工商管理	130	105	547	120	130	491

序号	专业	2005 年（人）			2010 年（人）		
		招生	毕业	在校	招生	毕业	在校
8	会计学	190	193	910	120	130	565
9	法学	190	182	885	120	180	562
10	国际经济与贸易	130	123	521	120	130	490
11	建筑学	120	51	596	120	120	602
12	土木工程	190	198	914	120	130	575
13	英语	60	63	242	60	60	244
14	日语	60	52	236	60	60	242
15	艺术设计	120	116	591	100	120	450
16	工业设计	70	58	275	60	70	263
17	广告学	70	55	272	60	70	265
18	统计学	70	62	269	60	70	260
19	信息与计算科学	65		251	60	65	265
20	车辆工程	65		130	120	65	480
21	城市规划	65		65	120	65	425
22	社会工作				120	65	370
23	软件工程				120		315
24	项目管理	60		60	60	60	240
25	市场营销				60		240
	高职合计	180	282	600	180	180	540
1	计算机网络技术	60	59	180	60	60	180
2	计算机数控技术	60	54	180	60	60	180
3	商务英语	60	57	180	60	60	180
4	艺术设计（专）		48	60			
5	电子商务		64				

2005 年、2010 年在校生规模（研究生、同等学力及二学位）及构成一览表

年份	2005 年				2010 年			
学历、学位	博士	硕士	同等学力与专业学位	二学位	博士	硕士	同等学力与专业学位	二学位
专业	人数	人数	人数	人数	人数	人数	人数	人数
检测技术与自动化装置		60	30		27	150	75	
数量经济学		48	24		27	120	60	
经济法学		60	30		27	135	75	
机械电子工程		48	24		27	120	60	
计算机应用技术		60	30		27	150	75	
机械制造及自动化		26	12			90	45	
电力电子与电力传动		26	12			90	45	

| 年份 | 2005 年 | | | | 2010 年 | | | |
| 学历、学位 | 博士 | 硕士 | 同等学力与专业学位 | 二学位 | 博士 | 硕士 | 同等学力与专业学位 | 二学位 |
专业	人数	人数	人数	人数	人数	人数	人数	人数
信号与信息系统		26	12			90	45	
结构工程		26	12			90	45	
应用数学		26	12			90	45	
法学理论		26	12			90	45	
企业管理		26	12			90	45	
计算机科学与技术				80				180
法学				80				180
工商管理				80				180
计算机软件与理论		10	5			40	20	
会计学		10	5			40	20	
建筑设计及其理论		10	5			40	20	
控制理论与控制工程		10	5			40	20	
刑法学		10	5			40	20	
微电子学与固体电子学						15	8	
通信与信息系统						15	8	
国际贸易学						15	8	
市政工程						15	8	
模式识别与智能系统						15	8	
英语语言文学						15	8	
设计艺术学						15	8	
国际法学						15	8	
艺术学						15	8	
统计学						15	8	
技术经济及管理						15	8	
民商法学						15	8	
供热、供燃气、通风及空调工程						15	8	
小计		508	247	240	135	1700	864	540
在校生合计	995				3239			

(二) 专业设置

目前学校设有9个学院，即信息工程学院、机电工程学院、经济管理学院、建筑学院、理学院、人文社科学院、艺术学院、应用技术学院和成教学院，涵盖理、工、文、管、法、经、艺术等7个学科门类，设置的专业共有24个，其中本科专业19个，高职专业5个，另有硕士学位点12个。至2010年，专业设置达到

30个，其中本科专业要达到25个，高职专业5个，硕士学位点33个，博士学位点5个。专业设置的详细情况见《2005年、2010年在校生规模（本专科）及构成一览表》和《2005年、2010年在校生规模（研究生、同等学力及二学位）及构成一览表》。

（三）学制

我校本科和高职学生的学制实行学分制管理，标准学制本科为四年（建筑学五年）、高职三年，学生可根据自身情况确定自己的学习进程，学制最长可延至标准学制的两倍，研究生的学制为三年。

四、人员编制

（一）教职工队伍现状及存在问题

1. 人员基本分布

全校在岗教职工	校本部	后勤	校产	病休未聘
869人	688人	121人	53人	7人
比例	79%	14%	6%	1%

2. 校本部人员分布

分类	教师	实验教辅	行政	总计
人数	467人	132人	89人	688人
比例	68%	19%	13%	100%

3. 专任教师职称学历、年龄结构

总数	职称			学历		年龄		
	教授	副教授	讲师及以下	研究生及以上	本科生	35岁以下	36~45岁	45岁以上
400人	43人	130人	227人	298人	102人	195人	133人	72人
比例	10.75%	32.5%	56.75%	74.5%	25.5%	49%	33%	18%

4. 队伍特点

（1）机构精简。内设机构13个，低于规定22个；领导职位数26人，低于规定的52人。

（2）人员精干。三支队伍中，教师比例较高，达68%，超过规定的50%。行

政人员精干，比例为13%，低于规定的15%。

（3）专任教师队伍，研究生比例为74.5%，超出国家规定的35岁以下教师研究生比例应达到60%的规定。

5. 存在的主要问题及原因

（1）问题

① 教师数量不足，引进困难。在校生将达1万多人，教师缺口仍然较大，尤其是热门专业，如计算机、通信、微电子、应用数学、建筑学、艺术设计、广告学等。

② 学术带头人严重不足，高水平的大师级人物较少。博士比例偏低，具有正高职称的教师比例偏低，教师队伍年龄结构不太合理，35岁以下年青教师偏多，占49%。

（2）原因

① 学术氛围、科研整体水平偏低，对学术带头人的引进缺乏吸引力。

② 待遇偏低，对硕士、博士的待遇在市场上缺乏竞争力。

③ 住房商品化后，买房负担较重。

④ 地处偏僻，子女就学条件较差。

⑤ 青年教师流失的主要原因是出国、读博。

（二）规划编制的指导思想及今后的改革措施

1. 规划编制的指导思想

以教师为主体，以提高教育教学水平、推进素质教育为目的，以全面提高教师素质为中心，以增强学术水平、加强学术梯队建设为重点，以深化人事制度改革为手段，建设一支素质优良、结构优化、专兼结合、富有活力的精干高效的教职工队伍。

2. 人事改革主要措施

（1）加大引进人才的优惠政策，尤其要加大高水平的学术带头人、博士的引进力度，使教师结构趋于合理。

（2）增加师资培训经费，搞好青年教师培养，学历教育与继续教育结合，国内交流与国外交流结合。

（3）深化人事管理制度改革，完善岗位聘任制和聘用合同制，严格聘后考核，改革职称评管制度，建立能上能下、能进能出的竞争机制。

（4）改革分配制度，强化激励机制，坚持效率优先、兼顾公平，突出优劳优酬，提高对优秀人才的吸引力，建立相对稳定的骨干层。

（三）人事规划

根据××市委组织部、市人事局、市教委、市编办联合下发的《关于印发

〈关于深化××市属（市管）高等院校人事制度改革的实施意见〉的通知》（京人发［2000］112号），结合我校2010年总体规划，确定人事工作规划如下：

全日制在校生规模（2010年）

学生规模	全日制本科生	高职生	研究生等	留学生	总计
学生人数	10457	540	1500	200	12697
学生当量数	10457	540	3000	600	14597

基本教育规模机构与编制（2010年）（师生比1:18）

内设机构数	领导干部职位数	教职工总数	教师（50%）（师生比1:18）	教辅（30%）	管理（20%）
19个	48个	1544人	772人	463人	309人

职称结构比例（2010年）（人）

分类	总数	教授（12%）	副教授（33%）	中级（40%）	初级（15%）
教师	772	93	255	288	136
专业技术人员	总数	正高（5%）	副高（10%）	中级（10%）	初级（35%）
	700	35	70	350	245
合计	1472	128	325	638	381

人才引进计划（2004~2010年）（人）

	总数	教授	副教授或博士	硕士	本科
每年引进	70	5	20	40	5
7年总计	490	35	140	280	35

五、扩建校舍总面积

（一）达到发展规模12000人时，应有校舍总面积及计算依据

××××大学12000各在校生校舍面积表

面积指标系按《普通高等学校建筑规划面积指标》和12000在校生计算11项校舍建筑面积

分类	项目	面积指标（m²/生）	建筑面积（m²/12000学生）
1	教室	3.5	42000m²
2	图书馆	1.98	23760m²
3	实验室实习场所及附属用房	9	108000m²
4	风雨操场	0.52	6240m²

	序号			
面积指标系按《普通高等学校建筑规划面积指标》和12000在校生计算11项校舍建筑面积	5	会堂	0.4	4800m²
	6	校行政	1.0	12000m²
	7	院系行政	1.33	15960m²
	8	学生宿舍	9.0	108000m²
	9	学生食堂	1.3	15600m²
	10	教工食堂	0.2	2400m²
	11	福利及附属用方	3.0	36000m²
		合计	31.23	374760m² （备注：未计教工住宅、科研开发及地下人防等面积）
	12	学术交流		8000m²
	13	科研开发		5000m²
总建筑面积				387760m²

校舍面积的计算依据《普通高等学校建筑规划面积指标》

1. 总指标：31.23m²/生

（1）工科院校（11项校舍）面积基本指标：27.29m²/生；

（2）增加采暖指标：5%；

（3）增加高层指标：5%；

（4）学生宿舍由6.5m²/生增加为8m²/生（+1.5m²/生）。

2. 分项指标

（1）教室：（工科+文理科）/2＝（2.52+3.53）/2＝3.2m²/生，3.2m²/生×1.1＝3.5m²/生；

（2）图书馆：（1.61+2.03）/2≌1.8m²/生；

1.8m²/生×1.1＝1.98m²/生；

（3）实验室：8.21×1.1＝9m²/生；

（4）风雨操场：0.47×1.1＝0.52m²/生；

（5）校行政用房：0.83×1.1≌1.0m²/生；

（6）系行政用房：1.21×1.1＝1.33m²/生；

（7）会堂：0.36×1.1＝0.40m²/生；

（8）学生宿舍：8×1.1≌9m²/生；

（9）学生食堂：1.3m²/生；

（10）教工食堂：0.2m²/生；

（11）生活附属用房：3.0m²/生；

合计：31.23m²/生。

3. 部分房间可以灵活兼用，用作教室或实验室或院系办公用房。

(二) 现有校舍情况及构成

现有校舍建筑面积和原建设部等三部委制定的指标相比，学校教室、实验室、学生宿舍、学生食堂等面积缺口较大，学生活动场地也不能满足要求。老校区（A、B 两区）内大多数建筑为 20 世纪 50～70 年代所建，房屋质量普遍较差，日常维修费用负担沉重。而且这些建筑大多层数偏低（3～5 层），分布太散，容积率低，造成占地浪费。现有校舍的构成如下：教室 30574㎡、图书馆 7895㎡、实验室 33115㎡、风雨操场 5090㎡、会堂 1470㎡、校行政用房 6150㎡、院系行政用房 8500㎡、学生宿舍 43438㎡（未含校外 4 万㎡大学生公寓）、学生食堂 6963㎡、教职工食堂 564㎡、福利及其他附属用房 14577㎡、家属住宅 49414㎡，合计 207750㎡。

(三) 扩建校舍面积及构成

1. 扩建校舍面积及构成

本次扩建校舍是在满足功能分区、合理布局、充分利用土地的原则下，充分考虑保证教学、科研和学生生活用房的需要。同时要拆除一些占地面积大、容积率低、建筑年代久远的 3～5 层建筑，实现充分利用土地、扩大校舍建筑面积的目的。

本次规划新建校舍 228400㎡，拆除旧校舍 50788㎡，利用旧校舍建筑 154593㎡。扩建完成后，校舍地上总面积将达到 382993㎡（不包括校外大学生公寓 40000㎡）。其中主要用房面积如下：教室 43073㎡、实验室 111987㎡、图书馆 24295㎡、体育馆 11090㎡、学生公寓 91622㎡（含校外 40000㎡大学生公寓）等。详细情况见《××××大学校园总体规划（2003 年～2015 年）设计说明》中的附表四。扩建校舍是一项复杂的工作，根据我校的具体情况采取分期扩建的作法去完成。具体的分期扩建校舍面积见《××××大学校园总体规划（2003 年～2015 年）设计说明》中的附表三。

2. 主要校舍满足规模发展的需要

校舍扩建完成后，主要校舍面积将满足学校 2010 年的发展规模需要。从表中可以看出，学生公寓面积还不足，解决此问题的途径是由家属住户外迁后，由腾空的住宅解决。学校考虑在腾空的住宅中，有三栋住宅楼靠近学校东围墙，即住宅四、五、六号楼，三栋楼（1952 年建设的三层砖木结构楼）的总面积只有 3218.7㎡，只能住学生 300 人，如果将其拆除，在原址可建设 20000㎡的高层学生公寓，可住 2000 人，这不但解决了学生公寓面积不足的问题，而且也美化了五环路沿途景观，同时还增加了学校的绿地，这一考虑希望能得到市规划部门批准。

(四) 室外设施及其他基建的现状及规划目标

1. 道路系统

道路现状存在着道路狭窄、布局不合理、人车混流等弊端。新的规划目标是实现主干道加宽至 6~9m，同时建设校园中心步行林荫大道，沿校园周边建设校园环路，实现车流外引边缘区，形成规整的、有层次的网络道路，尽可能做到人车分流。同时新建高层地下设停车场，也可在各大门区附近和校园环路两侧及各功能分区适当地段布置停车场，在新建运动场地下设停车场，充分考虑停车问题。

2. 绿化系统

绿化的现状是较好的，过去连续多年被评为"花园式单位"，但距标准要求仍然存在着不少差距。本次规划要拆除低层旧房，集中新建高层或较大体块的综合建筑，以提高绿化率和土地利用率；扩大校园中心区毓秀园面积和古松园面积；沿北边的围墙建设绿化隔离带，隔离火车噪声及灰尘；学校的东边及东南方向，规划形成 50m 宽的绿化隔离带；校园内绿化要逐步走向专业化管理，强调绿化设计，形成特色，逐年淘汰落后的杨、柳等树种，应以银杏、雪松、侧柏、国槐及黄栌等树种替代，形成校园的绿化主体风格。

3. 环境景观

学校现有环境景观只有毓秀园、古松园等小型景观，本次规划景观设计采用轴线法及对景法，创造开合有序、高低错落有致的空间序列组合，形成不同风格的景观。校园扩建完成后，将形成下列环境景观：主体景观为校园第一教学楼与南大门形成中心轴线，以南校门及其两侧的沿阜石路的高层科研开发楼、教学实验综合楼形成校前区地标式的第一道景观，以庄重、雄伟、肃穆、文秀为主风格，并对校区形成掩蔽作用。以东西两侧运动场及绿化广场为主，形成开放视线空间的第二道景观。以学术交流中心大楼、体育馆、第一教学楼、第三教学楼、图书资料信息中心大楼等建筑为主，围合校中心广场是学校的中心景观，应做重点设计，形成第三道景观。以扩建毓秀园中心花园形成第四道景观，东西方向轴线对景，东为餐饮服务与学生活动中心楼，西为图书馆和理工实验楼，南、北大门轴线的错位问题将由毓秀园中心景观的设计来过渡处理。

4. 基础设施

目前学校各种基础设施较为陈旧，结合本次规划要做适当的调整和改造，特别是上下水、供暖等管线和供电线路，要为学校今后的发展留有一定的余量。

（1）给排水

给水：学校目前是自备井供水，由于市政部门已发文件要逐步停用自备井，因此，本次规划设计的供水将逐步统一纳入市政管网供水。

排水（污水）：校园内的污水主要是生活污水，除利用已建成的中水系统处理一部分污水外，其余污水均排入市政污水管网。今后，有条件时将再建一个污水处理站，做好中水回用和节水工作。

雨水：校园内规划建设统一的雨排水管网，将雨水排入到市政雨排水管网（已完成）。

（2）供电

学校现有供电容量为2000kVA，根据学校的发展目标和校园的总体规划，供电容量将达到11200kVA，其中需增容9200kVA，本次规划各变电室的容量如下：

西变电室3200kVA；

东变电室2000kVA；

北变电室1000kVA（八公寓内）；

南变电室5000kVA（新征地内）。

（3）通信

已与市政通信线路网接通，并规划增加城市宽带网。

（4）供燃气

目前校内已建成天然气调压站和天然气管网，天然气供应充足。

（5）供暖

目前学校采用天然气锅炉单独供暖，现有供暖锅炉总量为18t，锅炉房可增容到30t，能满足近期发展要求。从中长期发展看，供暖应通过市政热力管网统一供暖。

（五）2002～2003年在建面积

2002～2003年在建工程面积表

序号	项目名称	建筑面积 (m²)	占地面积 (m²)	开工日期	竣工日期	备注
1	实验教学楼	26849（含地下）	2899.09	2002.12	2004.7	
2	学生八公寓	21603（含地下）	1703.8	2002.11	2004.3	
3	综合服务楼	3210	1123	2003.7	2004.3	

六、建设总投资

（一）建设总投资及分类

本次校园总体规划建设需总投资83340万元。其中：

1. 教学科研用房投资48450万元（按新建房屋19.38万平方米、单方造价2500元/m²计）。

2. 生活用房投资12930万元（按新建房屋8.62万平方米、单方造价1500元/m²计）。

3. 新征土地需投资12000万元。

4. 室外工程投资9960万元。其中：

（1）供电系统的建设和改造2100万元（建设3个变电室和铺设各楼的室外

电缆）；

（2）供水系统的建设和改造 600 万元（更换现有部分供水管网和新建各楼的室外供水管网，引入市政自来水的费用及泵站建设费用等）；

（3）排水系统的建设和改造 400 万元（铺设污水排放管线和建设中水处理站，铺设雨排水管线，交纳污水、雨水排放市政管线的集资费用）；

（4）供暖系统的建设和改造 2000 万元（更新采暖锅炉和铺设新建各楼的供暖管线，或引入市政热力供暖热源供暖及建设供暖调压站费用等）。

（5）设备购置投资 4860 万元。其中：

① 电梯 34 部每部按 40 万元计，共需投资 1360 万元；

② 中央空调 7 套。每台按 350 万元计，共需投资 2450 万元；

③ 课桌椅、阅览桌、书架等共需投资 750 万元；

④ 其他费 300 万元。

（二）建设投资的来源

在建设总投资中，根据学校的情况和经济承受能力，拟申请国家拨款 50%，即 41670 万元。其余部分由学校通过多方筹资和贷款来解决。

（三）筹资方案

本规划需建设总投资 83340 万元，12 年完成建设，平均每年投资 5556 万元。申请国拨款 50%，每年拨款 2778 万元。学校自筹 25%，每年自筹资金投入 1389 万元。贷款 25%，平均每年还贷 1458 万元（含利息），合计每年学校要自筹 2847 万元。

七、建设用地

（一）现有占地

学校现占地 24.38hm²（折 365.70 亩），其中：教学科研房屋建筑用地 2.59hm²（折 38.85 亩），学生生活用房建筑占地 2.93hm²（折 43.95 亩），运动场（含各类球场、体育馆、游泳池等）4.94hm²（折 74.10 亩），绿地 11.93hm²（折 178.95 亩），道路和广场占地 1.99hm²（折 29.85 亩）。

（二）新征地

目前学校正在办理东南校区的征地手续，共征土地 7.67hm²（此项目已经市教委、发改委、规委、土地管理部门批准），所征土地主要为菜地，地上、地下均无其他建筑物和构筑物。此块土地重点用于建设教学、实验、科研用房、学生公寓、学生食堂和运动场地，在运动场地下建运动设施用房和停车场等。

（三）用地情况评估

根据《普通高等学校建筑规划面积指标》中规定的土地面积指标要求，如满足在校生 12000 人的办学规模确有一定差距，于是学校采取了以下三项措施基本解决了土地不足的问题。

1. 在校外建大学生公寓 40000m²，解决了 4000 名学生的住宿问题。

2. 家属住宅外迁，置换出的住宅用于学生公寓，校内不再建设家属住宅。目前已迁出 266 户，腾出住宅 10000 余 m²，改作学生公寓及青年教师周转房，今后还将陆续有住户外迁。

3. 适当建设高层建筑，提高土地利用率，弥补土地不足。

八、抗震及人防、环保措施

（一）抗震设防

本规划的各种建筑抗震设防均执行××地区的标准，抗震设防烈度为 8 度。

（二）人防、环保

学校目前现有建筑面积 21 万 m²，现有人防面积 5713m²。以后的新建筑还要按规定考虑人防面积，因此人防面积是有保证的。

学校十分注意环境保护问题，1998 年提前实现了煤改气工程，结束了学校燃煤的历史，消除了大气的污染源。污水和雨水排放均按规定排入市政管线。卫生垃圾实现袋装化和日产日清，均构不成污染环境。学校目前受到环境污染的唯一污染源是校园北墙外的火车站，其产生的噪声和装卸货物产生的灰尘严重影响学校的环境和师生的生活。这一污染源需由××市和国家来统一治理，学校对此无能为力。本次规划时，尽量在学校北侧布置一些高层建筑和种植高大乔木、灌木及围墙垂直绿化，以起到围挡和隔离作用，减少噪声和灰尘污染。

九、扩建完成后的效益分析与预测

（一）改善学校的办学条件

1. 教室、实验室及实习场所、图书馆、运动场、学生公寓等基本办学所需的校舍面积将大幅度增加，新建的教学、实验、科研用房将达 19.38 万 m²。再加上原有的教学、实验、科研用房的面积，办学条件将得到较大的改善。

2. 学生生活条件将有很大变化。扩建完成后，学生公寓将达到 76603m²，再加上校外已有的 40000m² 大学生公寓，共有学生公寓 110603m²，超过规定的面积指标。

3. 体育场地面积又有较大的增加。原有的运动场及设施占地 49403m²，本次规划还要建设第二个运动场，占地面积达 10000m² 左右，为体育教学和学生体育锻炼提供了充足的场地和设施。

4. 完成此规划后，校园环境将得到很大改善，绿化、美化将有新的突破，优美的环境将带来良好的育人作用。

(二) 提高办学水平

扩建完成后学校的整体办学水平会有较大的提高，主要表现在以下方面：

1. 改进教学手段，提高教学质量。扩建完成后，在新建的教室、实验室、图书馆等教学场所，要配备现代化的教学手段，如光电、声像、计算机网络、多媒体教学系统等等。在实验室要配备现代化的先进实验设备，提高整体的办学水平。

2. 扩大专业设置。扩建完成后，学校的本科专业设置由目前的 19 个增加到 25 个，研究生和二学位的专业设置将达到 30 多个，适应国民经济发展的需要。

3. 提高办学素质层次。学校在办好本科专业的同时，将大力发展研究生教育，提高学校办学层次，为创全国同类一流院校打下良好的基础。

4. 扩大办学规模。扩建完成后，将满足学校 12000 人的发展规模需要，在校生达到 12000 人时，其中××生源将突破 6000 人，将对××建设和发展提供有力的服务。

Chapter5 Construction Regulations and Technical Standards

第 5 章　建设法规与技术标准

第5章　建设法规与技术标准

　　有关建设方面的法规是从事各项建设活动的法律依据。我国建设法规体系由建设法律、建设行政法规、建设部门规章、地方性建设法规和地方建设规章五个层次组成。

　　标准是对重复性事物和概念所作的统一规定。在工程建设的勘测、设计、施工及验收等主要环节中，我国均制定有现行的技术标准，对相应的技术问题作出最低限度的技术要求。我国的建筑工程标准体系分为九个专业、三个层次，其编号由标准代号、标准发布顺序号和标准发布年号三部分构成。

　　物质产品的生产，直接关系到国家经济和人民生活，建筑产品——房屋等建筑物，更是关乎人们生产、生活和生命财产安全的重大因素，因此世界各国都对建筑活动的控制、管理以及必须达到的技术标准作出详细明确的规定，从而规范人们各项与建筑有关的活动，如立项、设计、施工、验收……。

　　在我国，通常将由立法机关或政府部门（中央或地方）颁布的涉及行政和组织管理、技术政策（包括奖、惩措施）的相关法律、条例、规定等称为法规，对各项建筑活动的综合技术要求称为标准。

5.1　建设法规

　　由全国或地方（省、自治区、直辖市）人民代表大会制定并颁布实施的法律和各级政府主管部门颁布实施的规定、条例等统称为法规。

　　有关建设方面的法规是从事各项建设活动的法律依据，是规范行业活动的基本保障。因此，法规在其行政区划内进行的相关建设活动中都是必须遵循和执行的。

　　法律的条文通常制定得较为原则，有时还需附有实施细则等，实施细则具有同等法律效力，各级政府主管部门再根据法律及其他有关规定，制定更具有针对性和可操作性的规定、条例等以便于实施和具体贯彻执行。法规通常由颁布部门负责解释。

5.1.1　建设法规的特征

　　建设法规除具备一般法律法规所共有的特征外，还具备行政性、经济性、政策性和技术性特征。

行政性指建设法规大量使用行政手段作为调整方法，如授权、命令、禁止、许可、免除、确认、计划、撤销等。这是因为工程建设活动关乎人民生命财产安全，国家必然会使用行政手段规范建设活动以保证人民生命财产安全。

工程建设活动直接为社会创造财富，建筑业是可以为国家增加积累的一个重要产业部门。工程建设活动重要目的之一就是要实现经济效益。因此调整工程建设活动建设法规的经济性是十分必要的。

工程建设活动一方面要依据工程投资者的意愿进行，另一方面还要依据国家的宏观经济政策。因此建设法规要反映国家的基本建设政策，政策性非常强。

工程建设产品的质量同人民的生命财产安全紧密相连，因此强制性遵守的标准、规范非常重要。大量建设法规是以规范、标准形式出现的，因此其技术性很明显。

5.1.2　建设法规的体系构成

目前，根据《中华人民共和国立法法》有关立法权限的规定，我国建设法规体系由五个层次组成。[①]

1）建设法律

指由全国人民代表大会及其常务委员会制定颁行的属于国务院建设行政主管部门主管范围的各项法律。它们是建设法规体系的核心和基础。

2）建设行政法规

指由国务院制定颁行的属于建设行政主管部门主管业务范围的各项法规。

3）建设部门规章

指由国务院建设行政主管部门或其与国务院其他相关部门联合制定颁行的法规。

4）地方性建设法规

指由省、自治区、直辖市人民人民代表大会及其常委会制定颁行的或经其批准颁行的由下级人大或常委会制定的建设方面的法规。

5）地方建设规章

指由省、自治区、直辖市人民政府制定颁行的或经其批准颁行的由其所辖城市人民政府制定的建设方面的规章。

其中，建设法律的法律效力最高，层次越往下的法规法律效力越低。法律效力低的建设法规不得与比其效力高的建设法规相抵触，否则，其相应规定将被视为无效。

---

① 朱宏亮. 建设法规. 武汉：武汉工业大学出版社，2000：2.

现将常用的建设法规举例如下（表5-1～表5-3）：

建设法律　　　　　　　　　　　　　　　　　表5-1

名称	颁布部门	颁布时间
中华人民共和国建筑法	全国人大主席令第91号	1997.11.1
中华人民共和国城市规划法	全国人大主席令第23号	1989.11.26
中华人民共和国城市房地产管理法	全国人大主席令第29号	1994.7.5
中华人民共和国环境保护法	全国人大主席令第22号	1989.12.26
中华人民共和国招标投标法	全国人大主席令第21号	1999.8.30

建设行政法规　　　　　　　　　　　　　　　表5-2

名称	颁布部门	颁布时间
建筑工程勘察设计管理条例	国务院国务院会第393号	2000.9.25
建筑工程质量管理条例	国务院国务院会第279号	2000.1.30
中华人民共和国注册建筑师条例	国务院国务院会第184号	1995.9.23
城市绿化条例	国务院国务院会第100号	1992.6.22

建设部门规章　　　　　　　　　　　　　　　表5-3

名称	颁布部门	颁布时间
住宅室内装饰装修管理办法	建设部建设部令第110号	2002.3.5
工程监理企业资质管理规定	建设部建设部令第102号	2001.8.29
建筑工程勘察设计企业资质管理规定	建设部建设部令第93号	2001.7.25
建筑工程设计招标投标管理办法	建设部建设部令第82号	2000.10.8
注册建筑师条例实施细则	建设部建设部令第52号	1996.7.1

5.2　技术标准

　　标准是对重复性事物和概念所作的统一规定。它以科学、技术和实践经验的综合成果为基础，经有关方面协商一致，由主管机构批准，以特定的形式发布，作为共同遵守的准则和依据。

　　在工程建设的勘测、设计、施工及验收等主要环节中，我国均制定有现行的技术标准，对相应的技术问题作出最低限度的技术要求，这是确保工程质量的最基本，也是最重要的一项要求，是对法律条文的具体技术落实。在建筑工程设计环节中，相应技术标准中的技术要求主要包括：建筑物按用途和构造的分类分级；各类（级）建筑物的允许使用负荷、建筑面积、高度和层数的限制；防火和疏散及有关建筑构造要求；结构、材料、暖通空调、给排水、照明弱电、通信、动力、消防等基本要求；某些特殊和专门的规定等。

5.2.1　标准的表达形式

在我国工程建设领域中，标准有三种表达形式，即标准、规范和规程。

1）标准

当标准的名称直接以"标准"来表达时，则该标准的内容一般是基础性的、方法性的技术要求。例如，《建筑制图标准》对于建筑图纸的图线、比例、图例以及平面图、立面图、剖面图的画法、尺寸标注等作了统一的规定。又如，《公共建筑节能设计标准》则对室内环境节能设计的设计参数，建筑与建筑热工设计，采暖、通风和空调节能设计作了明确规定。

2）规范

当标准的名称以"规范"表达时，则该标准的内容一般是通用性的、综合性的技术要求。例如，《高层民用建筑设计防火规范》对高层建筑分类等级、总平面布局、建筑平面布置、防火分区、防烟分区、建筑构造、安全疏散、消防电梯、消防给水、灭火设备、防烟、排烟、通风、空调、电气等作出规定。

3）规程

当标准的名称以"规程"表达时，则该标准的内容一般是专用性的、操作性的技术要求。例如，《建筑玻璃应用技术规程》是专门针对建筑玻璃设计、施工、使用等的具体技术规定。

5.2.2　标准的分级

按照标准的实施范围，我国《标准化法》将技术标准分为四级。在工程建设领域，技术标准分为"国家标准"、"行业标准"、"地方标准"和"企业标准"四级。

在各级标准中，实施范围越小的标准，技术要求的水平越高。

1）国家标准

对需要在全国范围内统一的通用技术要求，以及国家需要控制的其他技术要求，通常制定国家标准。它是由国家标准化和工程建设标准化主管部门联合发布，在全国范围内实施的标准。

2）行业标准

对没有国家标准而又需要在全国某一行业范围内统一的通用技术要求和对某一事物的专用技术要求，通常制定行业标准。它是由国家某一行业（如建筑工业行业）标准化主管部门发布，在全国某一行业范围内实施的标准。

3）地方标准

对没有国家标准、行业标准而又需要在某一地区范围内统一的具有地方特点的技术要求，通常制定地方标准。它是由某一省、市、自治区工程建设标准化主管部门发布，在某一地区范围内实施的标准。

4）企业标准

对没有国家标准、行业标准、地方标准而又需要在某一企业、事业单位范围内统一的技术要求，通常制定企业标准。对于已有国家、行业或地方标准的，企业事业单位也可制定严于这些标准的企业标准。

5.2.3 标准的分类

按照标准的法律属性，我国《标准化法》将技术标准分为强制性标准和推荐性标准两类。

1）强制性标准

指发布后必须强制执行的标准。凡保障人身、财产安全的标准，保障人体健康的标准、法律和行政法规规定必须执行的标准，均属于强制性标准。

自2000年起，原建设部发布实施《工程建设标准强制性条文（房屋建筑部分）》。它是现行强制性国家标准和行业标准中直接涉及人民生命财产安全、人身健康、环境保护和公众利益的，必须严格执行的强制性条文的汇编本。具体执行中，通过施工图审查和竣工验收等重要环节切实贯彻落实，从而确保了建设工程的质量，保证了国务院《建设工程质量管理条例》等法规的落实。

我国目前尚未完整地实行世界贸易组织《贸易技术壁垒协议》（WTO/TBT）所建议的"技术法规—标准—合格评定"体制，但《工程建设标准强制性条文》就其性质和作用而言，可以认为相当于WTO要求的"技术法规"。

2）推荐性标准

发布后自愿采用的标准。强制性标准以外的标准，均属于推荐性标准。

根据我国《标准化法》的规定，当前我国实行的是强制性标准与推荐性标准相结合的标准体制。其中，强制性标准具有法律属性，在规定的适用范围内必须执行；推荐性标准具有技术权威性，经过合同或行政条件确认采用后，在确认的范围内也具有法律属性。

5.2.4 标准的编号

我国标准的编号是由标准代号、标准发布顺序号和标准发布年号三部分构成。

1）国家标准编号

1991年以来，强制性标准代号采用GB，推荐性标准代号采用GB/T；发布顺序号大于50000者为工程建设标准，小于50000者为工业产品等标准。例如：GB 50189—2005《公共建筑节能设计标准》、GB/T 50362—2005《住宅性能评定技术标准》、GB 11945—1999《蒸压灰砂砖》等。

2）行业标准编号

行业标准的代号随行业不同而不同。对于"建筑工业"行业，强制性标准采用 JG，推荐性标准采用 JG/T；而属于建筑工业行业中的工程建设标准，还需在行业代号后增加字母 J。例如：JGJ 50—2001《城市道路和建筑物无障碍设计规范》、JGJ/T 131—2000《体育馆声学设计及测量规程》。

3）地方标准编号

地方标准的代号随发布标准的省、市、自治区不同而不同。强制性标准代号采用 DB 加地区行政区划代码的前两位数，推荐性标准代号在斜线后加字母 T；属于工程建设标准的，不少地区在 DB 后另加字母 J。例如：北京市地方标准 DBJ 01—621—2005《公共建筑节能设计标准》。

5.2.5　建筑工程标准的体系

建筑工程标准体系是按照 9 个专业、3 个层次构成的。

1）专业划分

建筑工程标准共分为下列 9 个专业（不包括产品标准）：

(1) 工程勘测；

(2) 建筑设计；

(3) 建筑室内环境设计；

(4) 建筑设备应用；

(5) 建筑结构设计；

(6) 建筑地基基础设计；

(7) 建筑工程施工及验收；

(8) 建筑修缮和结构加固；

(9) 建筑防灾。

2）层次划分

建筑工程标准中，每个专业均分为"基础标准"、"通用标准"和"专用标准"3 个层次。

(1) 第 1 层　基础标准

它在某一专业范围内作为其他标准的基础，是具有普遍指导意义的标准，例如：术语、符号、图例、模数、公差标准，分类、等级、代码标准，基本原理、原则标准等。

(2) 第 2 层　通用标准

它是针对某一类事物制定的共性标准，其覆盖面一般较大，常作为制定专用标准的依据，例如：通用的安全、卫生、环保标准，某类工程的通用勘察、设计、施工及验收标准，通用的试验方法标准等。

(3) 第3层　专用标准

它是针对某一具体事物制定的个性标准，其覆盖面一般较小，是根据有关的基础标准和通用标准制定的，例如：某一范围的安全、卫生、环保标准，某种具体工程的勘察、设计、施工及验收标准，某种试验方法标准等。

在同一专业中，上层标准的内容一般是下层标准共性内容的提升，上层标准制约下层标准。第1、2层标准多数为国家标准，第3层标准可为国家标准或行业标准等。

下面以"建筑设计专业"和"建筑室内环境设计专业"为例，介绍标准的具体内容。

3) 建筑设计专业标准

(1) 基础标准。现行标准主要有：

①图形标准，如：

《房屋建筑制图统一标准》GB/T 50001—2001；

《总图制图标准》GB/T 50103—2001；

《建筑制图标准》GB/T 50104—2001 等。

②模数标准，如：

《建筑模数协调统一标准》GBJ 2—86；

《住宅建筑模数协调标准》GB/T 50100—2001；

《厂房建筑模数协调标准》GBJ 101—87 等。

(2) 基础标准。现行标准主要有：

《民用建筑设计通则》GB 50352—2005；

《城市居住区规划设计规范 (2002 年版)》GB 50180—93；

《工业企业总平面设计规范》GB 50187—93；

《城市道路和建筑物无障碍设计规范》JGJ 50—2001；

《民用建筑节能设计标准 (采暖居住建筑部分)》GBJ 26—95；

《公共建筑节能设计标准》GBJ 50189—2005 等。

(3) 专用标准。现行专用标准，主要有下列几类：

①第一类是民用建筑设计标准，包括住宅、宿舍、旅馆、中小学校、托儿所幼儿园、办公建筑、科学实验建筑、档案馆、图书馆、文化馆、博物馆、展览馆、剧场、电影院、村镇文化中心、商店、体育建筑、综合医院、老年人建筑、殡仪馆、汽车库、停车场、客运站、航空港、计算机房、智能建筑、太阳能建筑等的建筑设计标准。

②第二类是工业建筑设计标准，主要包括锅炉房、冷库、油料库、压缩空气站、氧气站、氢氧站、乙炔站、泵房、机动车清洗站、洁净厂房、变电所等建筑物的设计标准。

另外还有其他建筑设计标准，如：斜屋顶下可居住空间、建筑地面、防静电瓷质地面、地下工程防水、工业建筑防腐蚀等设计标准。

4）建筑室内环境设计专业标准

（1）基础标准。现行标准主要有：《建筑气候区划标准》；《建筑气象参数标准》等。

（2）通用标准。现行通用标准可分为如下几类：

①第一类是建筑声学标准，例如：《民用建筑隔声设计规范》、《工业企业噪声控制设计规范》等。

②第二类是建筑光学标准，例如：《建筑采光设计标准》、《建筑照明设计标准》等。

③第三类是建筑热工标准，例如：《民用建筑热工设计规范》等。

5）专用标准。现行标准主要有如下几类：

（1）第一类是建筑声学标准，包括：建筑和工业企业噪声控制，体育馆、剧场、电影院和多用途厅堂声学设计标准等。

（2）第二类是建筑光学标准，包括：地下建筑照明设计、室内灯具灯光分布分类和照明设计参数、工业厂房采光罩采光设计等标准。

（3）第三类是节能标准，包括：采暖居住建筑、夏热冬暖地区居住建筑、夏热冬冷地区居住建筑、公共建筑等节能设计标准，既有建筑节能改造标准，既有建筑节能检验标准等。

（4）第四类是建筑物理测试和评价标准，包括：建筑隔声测量和评价、建筑吸声降噪评价、厅堂混响时间测量、室内照明测量、视环境评价等标准。

（5）第五类是建筑室内环境控制标准，包括：民用建筑室内环境污染控制等标准。

5.2.6 选用、执行标准和规范（程）时应注意的问题

（1）随着国民经济的发展和科学技术的进步，各级标准、规范（程）每隔若干年就会进行修订，出版新的版本，同时宣布原标准、规范（或局部条文）即行废止。因此，必须选用有效版本才具有法律性。有关情况可向其主管部门咨询。

（2）各项标准、规范（程）在其"总则"部分均会明确阐明"本标准、规范（程）适用于……建筑"。选用和执行中，必须认真阅读"总则"，搞清其适用范围和技术原则。

（3）标准、规范（程）单行本的后半部分一般均附有"条文说明"。该"条文说明"按照正文中的条款顺序，逐条对正文作出解释和说明。使用中，需要前后对照，仔细阅读"条文说明"，加深对正文中各条款规定的实质理解，以求准确地执行标准、规范中的相关规定。

（4）工作中遇到国内现行标准、规范（程）不适用或无明确规定时，可以采用国际上发达国家的标准；也可根据现行标准、规范（程）的技术原则和精神提出处理方法，但需经政府有关主管部门批准。

（5）我国现行标准、规范（程）的条文按其要求的严格程度，用词分为三级：

①表示很严格，非这样做不可的词：正面词采用"必须"，反面词采用"严禁"。

②表示严格，在正常情况下均应这样的用词：正面词采用"应"，反面词采用"不应"或"不得"。

③表示允许稍有选择，在条件许可时首先应该这样做的用词：正面词采用"宜"，反面词采用"不宜"；表示有选择，在一定条件下可以这样做的，采用"可"。

Chapter6 Files for Common Use in Architecture Project

第 6 章　常用建筑工程设计资料

第6章　常用建筑工程设计资料

工程建设标准设计是指国家、行业和地方编制的通用设计文件或应用设计文件。我国现行的标准设计分为国家标准设计和行业、地方标准设计两级，在工程建设中起到了保证工程质量、提高设计速度、促进行业技术进步和推动工程建设标准化的作用。

除标准设计图集外，常用建筑工程资料还有《全国民用建筑工程设计技术措施》、《建筑设计资料集》（第二版）和《建筑构造资料集》等。

6.1　标准设计图集

工程建设标准设计（简称标准设计）是指国家、行业和地方对于工程建设构配件与制品、建筑物、构筑物、工程设施和装置等编制的通用设计文件，或为新产品、新技术、新工艺和新材料推广使用所编制的应用设计文件。

标准设计编制工作依据国家颁布的法律法规、技术标准和部门或地方颁布的有关规定进行编制。我国现行的标准设计分为国家标准设计和行业、地方标准设计两级。

国家标准设计是跨行业、跨地区在全国范围内使用的，其主管部门是国家住房和城乡建设部。对于没有国家标准设计而又需要在全国某个行业或地方行政区内统一的，则制定行业或地方标准设计。行业标准设计的主管部门是国务院主管部委，而地方标准设计的主管部门是各省、自治区和直辖市的建设主管部门。

6.1.1　标准设计的作用

我国自新中国成立后不久，就开展了各级标准图集的编制工作。在几十年的工程建设中发挥了积极的作用。

1）保证工程质量

标准设计图集都是由建设主管部门委托技术水平较高的单位编制，经过有关专家审查后，并报政府部门批准实施的，具有一定的权威性。大部分标准图集是可以直接引用到设计工程图纸中的。只要设计人员能够恰当地选用，就能够保证工程设计的正确性；对于不能直接引用的图集，也能对工程技术工作起到参考和指导作用，因而有助于提高工程质量。

2）提高设计速度

在工程设计中，构造设计和细部设计的工作量非常大。编制了标准设计图集之后，在很多时候，设计人员就可以直接从标准图集中引用适用做法，而不必再自行绘图，从而减轻了设计工作量，提高了设计速度。

3）促进行业技术进步

对于不断发展的新技术和新产品，相关部门一般都会组织有关生产、科研、设计、施工等各方，经论证后适时编制标准设计图集。工程界通常将标准图的问世视为该项技术成熟的标志之一。因此，标准设计图集在促进科研成果的转化，新产品的推广应用和推动工程建设的产业化等方面起到了至关重要的作用。

4）推动工程建设标准化

标准设计图集一般是对现行有关规范（程）和标准的细化和具体化，对于有些工程急需而规范（程）又没有规定的问题，标准图集补充了一些要求，既贯彻了规范（程）和标准，又推动了其发展。

6.1.2 国家标准设计图集简介

国家标准建筑设计图集由住房和城乡建设部委托中国标准设计研究院负责组织编制、出版发行，并进行相关的技术管理。

1）国家标准设计图集的编号方法

标准图集的发行分为 16 开合订本和单行本两种，其编号顺序略有不同，但都含有专业代号、类别号、顺序号、分册号和年份等基本信息。当一本图集修编时，只改变"批准年份号"（有时将试用图改为标准图），其余不变。

（1）以 05SJ810—1 为例，国家标准图单行本编号方法如图 6-1 所示。

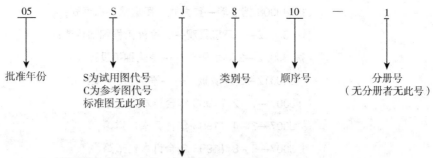

图 6-1　国家标准图单行本编号示例

（2）以 J121—1 ~2（2002 合订本）为例，国家标准图单行本编号方法如图 6-2 所示。

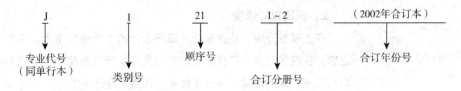

图6-2 国家标准图合订本编号示例

2）国家标准设计图集的分类

现有的国家标准设计图集分为9类：

（1）0 类总图及室外工程；

（2）1 类墙体；

（3）2 类屋面；

（4）3 类楼地面；

（5）4 类梯；

（6）5 类装修；

（7）6 类门窗及天窗；

（8）8 类设计图示；

（9）9 类综合项目。

其中，"8 类设计图示"是专为工程技术人员提供的技术工作指导类图集，不能直接引用到设计文件中。

当个别项目含有两类的内容时，按照它的主要内容归类。

3）国家标准设计图集简介[1]

（1）0 类总图及室外工程

① 03J001 围墙大门；

② 02J003 室外工程；

③ 04J008 挡土墙—重力式、衡重式、悬臂式；

④ 03J012—1 环境景观——室外工程细部构造；

⑤ 03J012—2 环境景观——绿化种植设计；

⑥ 04J012—3 环境景观——亭、廊、架之一；

⑦ J007—1 ~2（1993 年合订本）道路；

⑧ J007—3 ~4（1993 年合订本）道路；

⑨ J007—5 ~8（1993 年合订本）道路。

（2）1 类墙体

① 04J101 砖墙建筑构造（烧结多孔砖与普通砖、蒸压类砖）；

② 05J102—1 混凝土小型空心砌块墙体建筑构造；

---

① 资料来源：http://www.chinabuilding.com.cn/index.asp

③ 03J104 蒸压加气混凝土砌块建筑构造；

④ 04J114—2 石膏砌块内隔墙；

⑤ 06J121—3 外墙外保温建筑构造（三）；

⑥ J103—2~7（2003 年合订本）：建筑幕墙；

⑦ J111—114（2003 年合订本）内隔墙建筑构造。

（3）2 类屋面

① 99（03）J201—1 平屋面建筑构造（一）（2003 年局部修改版）；

② 03J201—2 平屋面建筑构造（二）；

③ J202—1（2002 年合订本）坡屋面建筑构造；

④ 03J203 平屋面改坡屋面建筑构造。

（4）3 类楼地面

① 02J301 地下建筑防水构造；

② 01（03）J304 楼地面建筑构造（2003 年局部修改版）；

③ 06J305 重载地面、轨道等特殊楼地面；

④ 07J306 窗井、设备吊装口、排水沟、集水坑；

⑤ 02J331 地沟及盖板；

⑥ J333—1~2（2002 年合订本）建筑防腐蚀构造。

（5）4 类梯

① 02（03）J401 钢梯（含 2003 年局部修改版）；

② 03J402 钢筋混凝土螺旋梯；

③ 06J403—1 楼梯栏杆栏板（一）；

④ 02J404—1 电梯自动扶梯自动人行道。

（6）5 类装修

① 03J501—2 钢筋混凝土雨篷建筑构造；

② 03J502—1 内装修——轻钢龙骨内（隔）墙装修及隔断；

③ 03J502—2 内装修——室内吊顶；

④ 03J502—3 内装修——室内（楼）地面装修及其他室内装修构造；

⑤ 02J503—1 常用建筑色；

⑥ 06J505—1 外装修（一）；

⑦ 06J506—1 建筑外遮阳（一）。

（7）6 类门窗及天窗

① 04J601—1 木门窗；

② 03J601—2 木门窗（部品集成式）；

③ 03J601—3 模压门；

④ 04J602—1 实腹钢门窗；

⑤ 03J603—2 铝合金节能门窗；

⑥ 03J609 防火门窗；

⑦ 04J610—1 特种门窗——变压器室钢门窗、防射线门窗、冷藏库门、保温门、隔声门、抗爆门；

⑧ 02J611—2 轻质推拉钢大门；

⑨ 02J611—3 压型钢板及夹芯板大门；

⑩ 03J611—4 铝合金、彩钢、不锈钢夹芯板大门；

⑪ 05J621—1 天窗——上悬钢天窗、中悬钢天窗、平天窗；

⑫ 04J621—2 电动采光排烟天窗；

⑬ 05J621—3 通风天窗；

⑭ 05J624—1 百叶窗。

(8) 8类设计图示

① 04J801 民用建筑工程建筑施工图设计深度图样；

② 05J802 民用建筑工程建筑初步设计深度图样；

③ 06SJ803 民用建筑工程室内施工图设计深度图样；

④ 05J804 民用建筑工程总平面初步设计、施工图设计深度图样；

⑤ 06SJ805 民用建筑工程建筑场地景观设计深度及图样；

⑥ 05SJ806 民用建筑工程设计互提资料深度及图样——建筑专业；

⑦ 05SJ807 民用建筑工程设计常见问题分析及图示——建筑专业；

⑧ 05SJ810 建筑专业教学及见习建筑师实用图册；

⑨ 05SJ811 《建筑设计防火规范》图示；

⑩ 06SJ813 《高层民用建筑设计防火规范》图示。

(9) 9类综合项目

① 05J909 工程做法

② 05J910—1 钢结构住宅（一）；

③ 05J910—2 钢结构住宅（二）；

④ 01SJ913 住宅厨房；

⑤ 01SJ914 住宅卫生间；

⑥ 05SJ917—1 小城镇住宅通用（示范）设计——北京地区；

⑦ 04J923 老年人居住建筑；

⑧ 01J925—1 压型钢板、夹芯板屋面及墙体建筑构造；

⑨ J916—1~2（2002年合订本）住宅排气道。

4）标准设计图集的选用

各级标准图集在编制原则和使用对象上是类似的，但在编制内容和编排方式上是有差异的。因此，在选用上既有共性的问题，也有个性的问题。

(1) 标准图集是随着技术的发展和市场的需要不断修编的，因此一定要选用有效（现行）版本。

（2）标准图集一般依据现行有关规范（程）和标准编制，在编制说明中会列出它们的名称、编号和版本。这些规范（程）和标准随时可能修改，而标准图集的修编通常又有滞后性，因此，选用时必须核对其依据的规范（程）和标准是否为有效版本。

（3）标准图集在编制说明中会阐释该图集的适用范围和设定条件。选用时必须判断其是否适用于具体实际的工程。如不适用或不完全适用时，应根据情况修改或自行设计。

（4）标准图集经常对一个问题给出几个做法（尤其国家标准图集，要适用于不同的建设要求和不同的地域），选用者必须在设计文件中注明所选用的是哪种做法，以避免工程错误。

（5）当涉及到新技术（新产品），技术人员又普遍不熟悉的内容或涉及跨专业的技术内容时，标准图集会补充编写产品构造及原理介绍、选用方法、设计要点、计算例题、系统图示等技术指导方面的内容，设计人员应注意阅读。

6.2　其他工程设计参考资料

6.2.1　《全国民用建筑工程设计技术措施》

《全国民用建筑工程设计技术措施》是由原建设部工程质量安全监督与行业发展司组织中国建筑标准设计研究院等单位编制的一套大型的、以指导民用建筑工程设计为主的技术文件，分为"技术措施（2003版）"和"节能专篇（2007版）"两个系列。这套《技术措施》编制的目的是为了更好地贯彻落实《建设工程质量管理条例》等法律、法规以及《工程建设标准强制性条文》等工程建设技术标准，进一步提高建筑工程设计质量和设计效率，供全国各设计单位参照执行，也可供建设单位和教学、科研、施工人员参考。

1）"技术措施（2003版）"系列简介

该系列有《规划·建筑》、《结构》、《给水排水》、《暖通空调·动力》、《电气》、《建筑产品选用技术》及《防空地下室》七个分册。

（1）《规划·建筑》分册

主要内容分为"规划总平面"和"建筑设计"两大部分，全面系统地介绍了规划总平面和建筑设计的主要技术内容，编制重点包括相关设计规范的细化与引申、设计中常见难题的解决方案、设计中易出错问题的处理措施等，同时介绍了新材料、新技术的相关内容。

其中，"规划总平面"包括：基地总平面、竖向、道路、停车场、绿化景观设计和管线综合等内容。首次编制了基地规划与城市规划有机结合的相关内容；结合当前需要，除充实基地总平面设计内容外，还汇集和丰富了环境景观设计的内容，编制了包括各类水景、建筑小品、园林绿化设计和有关技术内容。

第二部分"建筑设计"包括：设计中技术经济指标计算、细部构造、建筑部位设计、设备用房设计及建筑物无障碍设计等内容。除建筑部位、建筑构造之外，还编制了装修工程、设备用房和建筑无障碍设计等内容，并在各部分采用了新技术、新材料，以推动技术进步。

(2)《建筑产品选用技术》分册

《建筑产品选用技术》是指导建筑产品正确选用的专业技术工具书，以年卷本方式在每年年初出版，2003年为首卷本。

在2003~2005年，每年出版五个分册，其专题分别为建筑、结构、给水排水、暖通空调和电气；自2006年起，《建筑产品选用技术》改为每年出版《建筑·装修》、《给水排水》、《暖通空调·燃气》、《电气》四个分册。

《建筑产品选用技术》各分册均由专业技术人员围绕产品选用要求编写，分为"产品索引"、"选用技术条件"和"产品技术资料"三个组成部分，系统地阐述了各类产品的主要技术性能要求、适用范围、设计选用要点、执行标准、技术经济分析等，为读者正确选用产品提供指导。

2)"节能专篇（2007版）"系列简介

该系列有《建筑》、《结构》、《给水排水》、《电气》、《暖通空调·动力》五个分册。

《建筑》分册主要技术内容包括：总则，基本要求，墙体，楼地面，屋面，门窗、幕墙，建筑遮阳，既有建筑节能改造，太阳能利用，建筑热工计算，共10章，以及建筑节能设计审查表等9个附录。适用于全国新建、扩建和改建的民用建筑工程，以及既有建筑节能改造和在建筑中利用太阳能。供全国建筑设计人员进行建筑节能设计时使用，也可供建设单位和教学、科研、施工人员参考。

6.2.2 《建筑设计资料集》（第二版）

《建筑设计资料集》（第二版）由中国建筑工业出版社出版，共10集。它集中反映了我国20世纪80年代以来，建筑理论和设计实践中的最新成果，是一部大型建筑专业设计工具书。第1、2集为总类；第3、4、5、6、7集为民用及工业建筑；第8、9、10集主要为建筑构造。其编写以图、表为主，辅以简要的文字，全面汇集了国内建筑及相关专业的最新技术成果和经验，同时有选择地介绍了一些国外先进技术资料。

6.2.3 《建筑构造资料集》

该资料集同样由中国建筑工业出版社出版，是《建筑设计资料集》（第二版）

的姊妹篇，是建筑设计工作一本有参考价值的参考书。内容包括：民用建筑、工业建筑、古建筑和特殊建筑的建筑构造资料。全书共分上、下两册。上册主要介绍民用建筑的基础、墙体、楼地面、楼梯、门窗等构造，下册主要介绍工业建筑、古建筑及特殊建筑的建筑构造。全书以图为主，辅以简要文字说明，并附有大量工程构造实例和构造详图。

以上介绍的几种常用建筑工程设计参考资料，其内容和要求不等同于规范和标准，有些是个人观点，仅供设计人员参考、借鉴。在设计工作中使用时，必须和相关规范、标准作认真对照。

另外，参考资料是一个阶段历史经验的总结，随着建筑技术的不断发展，其内容必然会逐步落后或被淘汰。参考、借鉴时，要查看其出版时间，了解新技术的发展状况。

Chapter7 Example of Bidding Documents

第 7 章 招标投标文件示例

项目（招标）编号：××××××××××××××××

××××大学图书信息楼及地下停车场

建筑方案设计

招标文件

××××大学

2006 年 1 月

一、投标须知前附表

1. 招标基本情况表

项号	条款号	内容	说明与要求
1	1.1	项目名称	图书信息楼及地下停车场
2	1.1	建设地点	××区××路北侧
3	1.1	建设规模	31300m²
4		招标人（和招标代理机构）	招标人：××××大学 联系人：×××电话：××××××× 招标代理机构：××××建筑设计有限公司 联系人：××电话：×××××××
5		项目审批文件（立项或可研报告）	××社会［200x］×××号
6		规划批准文件	200x规建附字××××号
7		投标周期	2006年1月13日14时起发招标文件，投标截止时间为2006年2月20日，共计39日历天
8	1.2	招标范围	详见第三章
9	2.1	投标人资质等级要求	建筑工程设计甲级资质
10	2.2	资格审查方式	资格预审
11	3.1	投标预备会议	投标预备会议时间：2006年1月16日9时30分 地点：本工程现场 联系人：×××电话：×××××××
12	3.2	踏勘现场	集合时间：2006年1月16日10时 集合地点：工程现场 联系人：×××电话：×××××××
13	5.1 6.2	投标人疑问及澄清	接收疑问截止时间：2006年1月17日9时0分 招标人澄清发出时间：2006年1月18日17时前 投标人收到确认时间：48小时内
14	11.1	设计费计价及特殊的报价规定	（1）设计费计价标准：应符合原国家计委《工程勘察设计收费标准》2002年修订本 （2）特殊的报价规定：无
15	12.1	报价采用的币种	人民币
16	13.1	投标有效期	从投标截止之日起：60日历天
17	14.1	投标保证金额	无
18		投标人的备选方案	不要求
19	15.1	投标文件份数	一份正本，4份副本
20	16.7	技术部分编制要求	采用暗标，图纸、说明用A3纸打印并装订成册

项号	条款号	内容	说明与要求
21	17.1 17.2	投标文件提交地点及截止时间	收件人：×××大学 地 点：××市勘察设计与测绘管理办公室会议室 时 间：2006年2月20日13时30分
22	19.1	开标	开始时间：2006年2月20日13时30分 地点：××市勘察设计与测绘管理办公室会议室
23	24.1	设计方案陈述	无
24	25.2	评标方法及标准	综合评估法，详见第五章"评标标准和方法"
25	30.1 30.2	设计责任保险	无
26	32.1	未中标补偿	招标人对未中标人不进行补偿

2. "投标须知"条款调整表

序号	条款号	内容	调整结果

注：招标人根据需要填写"说明与要求"、"调整结果"的具体内容，对相应的栏竖向可根据需要扩展。

二、投标须知

本项目设计招标依据为《中华人民共和国招标投标法》、国家发展改革委员会等八部委《工程建设项目勘察设计招标投标办法》、（原）国家计委等七部委《评标委员会和评标方法暂行规定》、（原）建设部《建筑工程设计招标投标管理办法》和《北京市招标投标条例》等有关法律法规及规定。

（一）总则

1. 项目概况及招标范围

1.1 项目概况

本次设计招标项目的位于××区××路北侧。周边环境、地质与地貌、气候与水文条件、道路交通、电力、电信、上下水、热力、天然气等市政基础设施条件以及拟建项目性质、内容、建设规模、投资额项目批准单位及资金来源等内容，详见本招标文件第三章"设计条件与技术要求"。

1.2 招标范围

本次设计招标的范围见投标须知前附表"招标基本情况表"第8项。

2. 资格合格的投标人

投标人应符合下列全部条件：

2.1 在中华人民共和国境内登记注册的、具有法人资格的有能力提供招标项目设计及其服务且具有投标须知前附表"招标基本情况表"第9项要求的设计资格及类似项目的设计业绩的设计企业。

2.2 资格审查方式见本须知前附表"招标基本情况表"第10项。合格的投标人必须是持有国家建设部核发的建筑工程设计甲级资质，具有法人资格，有与本次招标项目相类似的工程设计经验。

3. 投标预备会议及现场踏勘

3.1 招标人将按照本须知前附表"招标基本情况表"第11项规定的时间、地点组织投标预备会议。会议的目的是澄清疑问，解答投标人提出的与本次招标有关的问题。投标人应派代表准时参加。会议提出并解答的问题，招标人应以书面的形式提供给所有投标人，并作为招标文件组成的一部分。

3.2 招标人将按本须知前附表"招标基本情况表"第12项所述时间，组织投标人对项目现场及周围环境进行踏勘，以便投标人获取有关编制投标文件和签署合同所涉及现场的资料。投标人承担踏勘现场所发生的自身费用。

3.3 招标人向投标人提供的有关现场的数据和资料，是招标人现有的能被投标人利用的资料，招标人对投标人作出的任何推论、理解和结论均不负责任。

3.4 经招标人允许，投标人可为踏勘目的进入招标人的项目现场，但投标人不得因此使招标人承担有关的责任和蒙受损失。投标人应承担踏勘现场的责任和风险。

（二）招标文件说明

4. 招标文件的组成

4.1 本招标文件包括以下内容：

第一章 投标须知

第二章 合同条件及格式

第三章 设计条件及技术要求

第四章 投标文件及格式

第五章 评标标准和方法

4.2 除4.1内容外，招标人在投标截止时间15天前，以书面形式发出的对招标文件的澄清或修改内容，均为招标文件的组成部分，对招标人和投标人起约束作用。

4.3 投标人获取招标文件后，应仔细检查招标文件的所有内容，如有残缺等问题应及时向招标人提出，否则，由此引起的损失由投标人自己承担。投标人同时应认真审阅招标文件中所有的事项、格式、条款和规范要求等，若投标人的投标文件没有按招标文件的要求提交全部资料，或投标文件没有对招标文件作出实质性响应，其风险由投标人自行承担，并根据有关条款规定，该投标有可能被拒绝。

5. 招标文件的澄清

投标人若对招标文件有任何疑问，应按照本须知前附表"招标基本情况表"第13项规定的截止时间前以书面形式向招标人提出澄清要求。无论是招标人根据需要主动对招标文件进行必要的澄清，或是根据投标人的要求对招标文件作出澄清，招标人都将于投标截止时间15日前以书面形式予以澄清，同时将书面澄清文件向所有投标人发送。投标人在收到该澄清文件后应于本须知前附表"招标基本情况表"第13项规定的时间内，以书面形式给予确认，该澄清作为招标文件的组成部分，具有约束作用。

6. 招标文件的修改

6.1 招标文件发出后，在提交投标文件截止时间15日前，招标人可对招标文件进行必要的澄清或修改。

6.2 招标文件的修改将以书面形式发送给所有投标人，投标人应于收到该修改文件后按本须知前附表"招标基本情况表"第13项规定的时间内，以书面形式给予确认。招标文件的修改内容作为招标文件的组成部分，具有约束作用。

6.3 招标文件的澄清、修改、补充等内容均以书面形式明确的内容为准。当招标文件、招标文件的澄清、修改、补充等在同一内容的表述上不一致时，以最后发出的书面文件为准。

6.4 为使投标人在编制投标文件时有充分的时间对招标文件的澄清、修改、补充等内容进行研究，招标人将酌情延长提交投标文件的截止时间，具体时间将在招标文件的修改、补充通知中予以明确。

(三) 投标文件的编写

7. 投标语言

投标文件、投标交换的文件和往来信件应以中文书写。

8. 计量单位

除工程规范中另有规定外，投标文件使用的度量衡单位均应使用中华人民共和国法定计量单位。

9. 投标文件的组成

9.1 投标文件由投标函、商务部分和技术部分组成。

9.2 投标函部分主要包括下列内容：

(1) 投标函；

(2) 法定代表人授权委托书；

(3) 合同条件响应表。

9.3 商务部分主要包括下列内容：

(1) 设计费投标报价表；

(2) 项目分项投资估算表；

(3) 服务质量承诺书。

9.4 技术部分主要包括下列内容：

(详见第三章"设计条件及技术要求"部分)。

10. 投标文件格式

投标文件包括本须知第9条中的全部内容。投标人提交的投标文件应当使用招标文件第四章"投标文件及格式"所提供的投标文件全部格式 (表格可以按同样格式扩展)。

11. 投标报价

11.1 本工程的投标报价采用本投标须知前附表"招标基本情况表"第14项所规定的方式进行报价。

(1) 报价标准及依据

采用 (原) 国家发展计划委员会和 (原) 建设部联合颁布的《工程勘察设计收费标准》(计价格 [2002] 10号) 及相关工程设计收费规定进行报价。

(2) 报价内容

投标报价为投标人在投标文件中提出的各项支付金额的总和，其中包括招标范围规定的设计及其配套技术服务的所有费用 (投标报价应采用投标函及其附表规定的格式)。

(3) 如有报价的补充规定，见本须知前附表"招标基本情况表"第14项。

11.2 投标人的投标报价，应是完成合同条款的全部内容，不得以任何理由予以重复，作为投标人计算单价或总价的依据。除非招标人对招标文件予以修改，投标人应按本招标文件及招标人提供的技术资料进行报价。任何有选择的报价将不予接受。

11.3 投标人应先到项目所在地踏勘，以充分了解项目位置、地质地貌、气候与水文条件、交通状况、电力、上水、下水、热力和天然气等市政基础设施及任何其他足以影响其提交设计方案的可实现性和承包价的情况。任何因中标人忽视或误解项目基本情况，而使招标人在项目实施过程中蒙受的损失，将由中标人按一定比例对招标人进行赔偿。

12. 投标货币

本工程投标报价采用的币种为见本须知前附表"招标基本情况表"第15项。

13. 投标有效期

13.1 投标有效期见本须知前附表"招标基本情况表"第16项所规定的期限，在此期限内，凡符合本招标文件要求的投标文件均保持有效。

13.2 在特殊情况下，招标人在原定投标有效期内，可以根据需要以书面形式向投标人提出延长投标有效期的要求，对此要求投标人须以书面形式予以答复。投标人可以拒绝招标人这种要求，而不被没收投标保证金。同意延长投标有效期的投标人既不能要求也不允许修改其投标文件，但需要相应地延长投标担保的有效期，在延长的投标有效期内本须知第14条关于投标担保的退还与没收的规定仍然适用。

14. 投标保证金

14.1 投标人应在提交投标文件同时，按有关规定提交本须知前附表"招标基本情况表"第17项所规定数额的投标保证金，并作为其投标文件的一部分。

14.2 投标人应按要求提交投标保证金，并采用下列任何一种形式：

(1) 支票；

(2) 现金。

14.3 对于未能按要求提交投标保证金的投标，招标人将视为不响应招标文件而予以拒绝。

14.4 未中标的投标人的投标保证金将在招标人与中标人签订了工程设计合同后五个工作日内予以退还（不计利息）。

14.5 中标人的投标保证金，在中标人按规定签订合同后予以退还（不计利息）。

14.6 如投标人在投标有效期满前撤回投标，投标保证金将被没收。

15. 投标文件的份数和签署

15.1 投标人应按投标须知前附表"招标基本情况数据表"第19项要求提供投标文件的份数。

15.2 投标文件的正本和副本均需打印或使用不褪色的蓝、黑墨水笔书写，字迹应清晰易于辨认，并应在投标文件封面的右上角清楚地注明"正本"或"副本"。正本和副本如有不一致之处，以正本为准。

15.3 投标文件封面、投标函均应加盖投标人印章并经法定代表人或其授权代表签字或盖章。由授权代表签字或盖章的在投标文件中须同时提交投标文件签署授权委托书。投标文件签署授权委托书格式、签字、盖章及内容均应符合要求，否则投标文件签署授权委托书无效。

15.4 投标人如对投标文件有修改，修改处应由投标人加盖投标人的印章或由法定代表人或其授权代表签字或盖章。

（四）投标文件的提交

16. 投标文件的装订、密封和标记

16.1 投标文件的装订要求封装完整。

16.2 投标人应将所有投标文件的正本和所有副本分别密封，并在密封袋上清楚地标明"正本"或"副本"。

16.3 在内层和外层投标文件密封袋上均应：

（1）写明招标人名称和地址；

（2）注明下列识别标记：

①工程名称：图书信息楼及地下停车场

②2006年2月20日13时30分开标，此时间以前不得开封。

16.4 除了按本须知第16.2款和第16.3款所要求的识别字样外，在内层投标文件密封袋上还应写明投标人的名称与地址、邮政编码，以便本须知第17.2条规定情况发生时，招标人可按内层密封袋上标明的投标人地址将投标文件原封退回。

16.5 如果投标文件没有按本投标须知第16.1款、第16.2款和第16.3款的规定装订和注明标记及密封，招标人将不承担投标文件提前开封的责任。对由此造成提前开封的投标文件将予以拒绝，并退还给投标人。

16.6 所有投标文件的内层密封袋的封口处应加盖投标人印章，所有投标文件的外层密封袋的封口处应加盖密封章。

16.7 投标文件的编制应按本须知前附表"招标基本情况表"第20项所规定的有关格式及要求填报，其中的设计方案、图纸及其配套效果图展板、可投影播放的三维软件等采用"暗标"做法，要求在封面及正文中均不得出现投标人的名称和其他可识别投标人的字符及徽标等，否则按无效标处理。

16.8 对设计方案、图纸的打印格式、制作要求等在投标须知前附表中规定。

17. 投标文件的提交

17.1 投标人应按本须知前附表"招标基本情况表"第21项所规定的地点，于截止时间前提交投标文件。

17.2 投标文件的截止时间见本须知前附表"招标基本情况表"第21项规定，招标人在投标截止时间以后收到的投标文件，将被拒绝并退回给投标人。

17.3 招标人可按本须知第6条规定以修改补充通知的方式，酌情延长提交投标文件的截止时间。在此情况下，投标人的所有权利和义务以及投标人受制约的截止时间，均以延长后新的投标截止时间为准。

17.4 到投标截止时间止，招标人收到的投标文件少于3个的，招标人将依法重新组织招标。

18. 投标文件的补充、修改与撤回

18.1 投标人在提交投标文件以后，在规定的投标截止时间之前，可以书面形式补充修改或撤回已提交的投标文件，并以书面形式通知招标人。补充、修改的内容为投标文件的组成部分。

18.2 投标人对投标文件的补充、修改，应按本须知第16条有关规定密封、标记和提交，并在内外层投标文件密封袋上清楚标明"补充、修改"或"撤回"字样。

18.3 在投标截止时间之后，投标人不得补充、修改投标文件。

18.4 在投标截止时间至投标有效期满之前，投标人不得撤回其投标文件，否则其投标保证金将被没收。

（五）开标

19. 开标

19.1 招标人按本须知前附表"招标基本情况表"第22项所规定的时间和地点公开开标，并邀请所有投标人参加。

19.2 按规定提交合格的撤回通知的投标文件不予开封，并退回给投标人。

投标文件有下列情况之一的投标，招标人不予接受：

(1) 逾期送达的；

(2) 未按招标文件要求密封的。

19.3 开标程序：

(1) 北京中外建建筑设计有限公司受××××大学委托，负责主持开标活动；

(2) 由投标人或其推选的代表检查投标文件的密封情况，也可以由招标人委托的公证机构检查并公证；

(3) 经确认无误后，由有关工作人员当众拆封，宣读投标人名称、投标价格、设计周期、是否提交了投标保证金和投标文件的其他主要内容。

19.4 招标人在招标文件要求提交投标文件的截止时间前收到的投标文件，开标时都应当众予以拆封、宣读。

19.5 招标人对开标过程进行记录，并存档备查。

（六）评标

20. 评标委员会与评标

20.1 招标人依法组建评标委员会。评标委员会由招标人和专家库中抽取的有关技术、经济专家组成，成员人数不少于5人，其中技术、经济专家人数不少于评标专家总人数的2/3。本项目评标委员会专家的产生方式符合国家和地方有关评标专家产生方式的规定。

20.2 评标委员会负责对投标文件进行审查、质疑、评估和比较。

21. 评标的内容与程序

21.1 评标的内容包括对技术部分和商务部分的评审和比较。

21.2 评标程序如下：

组建评标委员会→评委预备会→评审→完成评标报告

评标委员会按照本办法，对进入详细评标的投标文件进行独立评标打分，按评标委员会成员分值算术计算出的数值即为投标人的得分，依据投标人得分多少确定其排名次序。

22. 投标及投标文件的有效性

22.1 评标过程中，投标文件出现下列情形之一的，将作为无效投标文件（废标），不再进入详细评标：

（1）投标文件未按照本须知第16条的要求装订、密封和标记的；

（2）投标文件有关内容未按规定加盖投标人印章或未经法定代表人或其授权代表签字或盖章的，或有授权代表签字或盖章的，但未随投标文件一起提交有效"授权委托书"原件的；

（3）未响应招标文件的实质性要求和条件的；

（4）投标文件的关键内容字迹模糊、无法辨认的；

（5）投标报价不符合国家颁布的勘察设计取费标准，或低于成本恶性竞争的。

22.2 投标人有下列情况之一的，其投标将作废标处理或被否决：

（1）投标人未按照招标文件的要求提供投标保证金或者投标保函的；

（2）与其他投标人相互串通报价或者与招标人串通投标的；

（3）以向招标人或评委会成员行贿的手段谋取中标的；

（4）以他人名义投标或者以其他方式弄虚作假的；

（5）投标文件中标明的投标人与资格预审的申请人在名称和组织结构上存在实质性差别的；

（6）设计文件规格不符合规定或不符合"暗标"要求，出现了投标人的名称或其他可识别投标人身份的字符、图案、照片、徽标等的；

（7）采用资格后审方式时，投标人未能通过资格审查的。

23. 对投标文件的审查和响应性的确定

23.1 评标委员会将组织审查投标文件是否完整，规定的设计方案是否提交，要求的投标保证金是否已有效提供，文件是否恰当地签署。

23.2 评标委员会将确定每一投标人是否对招标文件的要求作出了实质性的响应，而没有重大偏离。实质性响应的投标是指投标符合招标文件的所有条款、条件和规定，且没有重大偏离或保留。重大偏离或保留是指设计方案与招标文件第三章中主要技术指标不一致，或影响到招标文件规定的服务范围、设计质量和要求，或限制了招标人的权利和投标人的义务的规定，而纠正这些偏离将影响到提交实质性响应投标的投标人的公平竞争地位。

23.3 评标委员会判断投标文件的响应性仅基于投标文件本身而不靠外部证据。

23.4 评标委员会有权拒绝被确定为非实质性响应的投标，投标人不能通过修正或撤回不符合之处而使其投标成为实质性响应的投标。

24. 投标文件的陈述与澄清

24.1 如本须知前附表"招标基本情况表"第23项规定采用方案陈述，评标委员会可以要求投标人分别对其设计方案等技术文件的设计思想、理念进行介绍和说明，投标人介绍时间和评标委员会成员提问时间按表中规定的时间执行。投标人在对其设计方案等技术文件介绍时，不得介绍企业名称、设计人员及设计过的项目、代表作品等内容。评标委员会成员提问时，不得提出带有暗示性或诱导性的问题，也不得明确指出其投标文件中的遗漏和错误。

24.2 如评标委员会对投标文件有疑问，可以向投标人发出书面质疑函。投标人应对质疑函中的问题进行逐一书面解答，并由投标人授权代表签字，按照评标委员会要求的时间提交。如投标人不提交对质疑函的书面解答或其书面解答不为评标委员会接受，其投标有可能被拒绝。

25. 投标文件的评估和比较

25.1 对所有实质性响应招标文件要求的投标文件，评标委员会将采用相同的程序和标准，遵循公平、公正、科学和择优的原则，按综合评估法进行评审，确定投标人的排名。

25.2 评标标准和方法详见本招标文件第五章"评标标准和方法"。

25.3 评标委员会依据本招标文件第五章"评标标准和方法"，对投标文件进行评审和比较，向招标人提出书面评标报告，并依次推荐排名位于前三名的合格投标人为中标候选人。

25.4 招标人根据评标委员会提出的书面评标报告和推荐的中标候选人，依据国家和地方现行法规确定中标人。招标人也可以授权评标委员会依据现行法规直接确定中标人。

25.5 评标委员会经评审，认为所有投标都不符合招标文件要求的，可以否决所有投标。所有投标被否决后，招标人将依法重新招标。

26. 评标过程的保密

26.1 开标后直至授予中标人合同为止，评标委员会成员和与评标工作有关的工作人员不得透露对投标文件的评审和比较中标候选人的推荐情况以及与评标有关的其他情况。

26.2 在投标文件的评审和比较中标候选人推荐情况以及授予合同的过程中，投标人向招标人和评标委员会施加影响的任何行为，都将会导致其投标被拒绝。

26.3 中标人确定后，招标人不对未中标人就评标过程以及未能中标原因作出任何解释。未中标人不得向评标委员会组成人员或其他有关人员索问评标过程的情况和材料。

（七）授予合同

27. 招标人拒绝投标的权力

招标人不承诺将合同授予报价最低的投标人。招标人在发出中标通知书前有权依据评标委员会的评标报告拒绝不合格的投标。

28. 中标通知书

28.1 中标人确定后，招标人将于15日内向××市规划委员会设计招标投标管理部门提交招标情况的书面报告。

28.2 管理部门收到招标人的报告后，未提出疑异的，招标人可向中标人发出中标通知书。

28.3 招标人将在发出中标通知书的同时，将中标结果以书面形式通知所有未中标的投标人。

29. 设计合同的签订

29.1 招标人与中标人将于中标通知书发出之日起30日内，按照招标文件和中标人的投标文件订立书面设计合同。

29.2 中标人如因自身原因不按本投标须知第29.1款的规定与招标人订立合同，则招标人将废除授标，投标担保不予退还，给招标人造成的损失超过投标担保数额的，还应当对超过部分予以赔偿，同时依法承担相应法律责任。

29.3 中标人应当按照合同约定履行义务，完成中标项目的设计任务，不得将中标项目的设计转让（转包）给他人。

30. 设计责任保险

30.1 合同签署后，如本须知前附表"招标基本情况表"第25项规定中标人须提交设计责任保险的，中标人应按本须知前附表第25项规定向招标人提交设计责任保险证明文件。

30.2 若中标人不能按本须知第30.1款的规定执行，招标人将有充分的理由解除合同，并没收其投标保证金。实际设计过程中给招标人造成的损失的，招标人可以据此进行索赔。给招标人造成的损失超过本须知前附表"招标基本情况表"第25项规定提交设计责任保险数额的，中标人还应当对超过部分予以赔偿。

(八) 其他

31. 未中标投标文件的返还

31.1　招标人应在将中标结果通知所有未中标人后七个工作日内，逐一返还未中标人的投标文件。

31.2　招标人或者中标人采用其他未中标人投标文件中技术方案的，将征得该未中标人的书面同意，并支付合理的使用费。

32. 未中标补偿

本次招标投标活动不对未中标人进行补偿。

三、《××××大学图书信息楼及地下停车场》建筑方案设计招标文件

(一) 招标项目概述

本工程项目选址位于××区×××，东起××路，西××路，南邻××路，北接××路，建筑面积为 31300㎡。项目总投资约 9735 万元人民币。

(二) 规划设计要求

本工程分为两个单体建筑：图书信息楼（不超过 19815㎡）及地下停车场（不超过 12000㎡）。

总体要求为：

容积率：≤1.5；

建筑限高：≤32m；

建筑密度：≤23%；

绿地率：≥45.11%。

(三) 停车泊位

地下停车场：不少于 250 个停车位。

(四) 项目使用功能的要求

与周围建筑物相协调。

（五）对项目设计的技术要求

严格执行国家现行建筑工程设计规范、标准。

（六）设计成果要求

建筑工程设计文件：

（1）设计说明，包括工程概况、设计构思、关键技术说明等；

（2）方案图册尺寸：A3；

（3）设计图纸包括总平面，主要平、立、剖面图，功能分析图，透视效果图等；

（4）可选择技术文件包括：

电子文件；

演示光盘。

附件：

1. 规划意见书（略）；

2. 可研或项目建议书批复（略）。

四、商务部分

（一）投标函格式

致：_____（招标人名称）_____

根据贵方_____项目设计招标的(招标公告或投标邀请书)，招标编号为_____，我方针对该项目的投标报价为：____（大写）____元人民币。并正式授权下述签字人_____（职务和职务）代表投标人____

_____（投标人名称），提交招标文件要求的全套投标文件，包括：

1. 商务部分及技术部分投标文件；

2. _____银行开具的金额为_____的投标保证金；

3. 其他资料。

据此函，签字人兹宣布同意如下：

1. 我方已详细审核并确认全部招标文件，包括修改文件（如有时）及有关附件。

2. 一旦我方中标，我方将组建项目设计组，保证按合同协议书中规定的设计周期_____（工期）_____日历天内完成设计并提供相应的设计服务。

3. 如果招标文件中要求提供设计保险，我方将在签订合同后按照规定提交上述总价_____%的设计保险作为我方的设计担保，如我方的设计出现其规定不应出现的缺陷，招标人可以据此要求其进行赔偿。

4. 我方同意所提交的投标文件在招标文件的投标须知中第13条规定的投标有效期内有效，在此期间内如果中标，我方将受此约束。

5. 除非另外达成协议并生效，你方的中标通知书和本投标文件将成为约束双方合同文件的组成部分。

6. 其他补充说明：_____（补充说明事项）

_____

_____与本投标有关的一切正式往来通讯请寄：

地址：_____ 邮编：_____

电话：_____ 传真：_____

投标人：_____（全称、盖章）

投标人代表：_____（代表人盖章、签字）

日期：_____年_____月_____日

投标函附表

项目名称		招标编号	
投标人名称			
投标报价	投标报价：_____（大写）元人民币_____		
	_____（小写）元人民币_____		
设计周期	_____日历天		
备注			

地址：_____ 邮编：_____

电话：_____ 传真：_____

投标人：_____（单位全称、盖章）

投标人代表：_____（代表人盖章、签字）

日期：_____年_____月_____日

（二）法定代表人授权委托书

本人作为 _____（投标人名称）_____ 的法定代表人，在此授权我公司的 _____，其身份证或军官证号码：_____，作为我的合法的授权代表，以我的名义并代表我公司全权处理_____项目投标的以下事宜：

1. _____

2. _____

3. _____

……

本授权书期限自_____年_____月_____日起至_____年_____月_____日止。

在此授权范围和期限内，被授权人所实施的行为具有法律效力，授权人予以认可。

授权代表无权转让委托权，特此委托。

授权代表：_____（签章）

身份证或军官证号码：_____职务：_____

投标人：_____（单位全称）（盖章）_____

法定代表人：_____（签字或盖章）_____

授权委托日期：_____年_____月_____日

（三）合同条件响应情况表

	合同条款号	主要内容	响应情况
实质性条件			
非实质性条件			

注：实质性条件指合同条件中采用黑体字编排的内容。

投标人：＿＿＿＿＿＿＿（全称、盖章）＿＿＿＿＿＿＿＿＿＿

投标人代表：＿＿＿＿＿＿＿＿＿＿（代表人盖章、签字）＿＿＿＿

日期：＿＿＿＿年＿＿＿＿月＿＿＿＿日

（四）设计费投标报价表

项目名称		招标编号	
设计费报价		（与投标函相同）	
设计费计算依据及计算过程			
备注			

注：表中位置不够可以另附页。

投标人：＿＿＿＿＿＿（单位全称、盖章）＿＿＿＿＿＿＿＿＿

投标人代表：＿＿＿＿＿＿＿＿＿＿（签章）＿＿＿＿＿＿＿＿

日期：＿＿＿＿年＿＿＿＿月＿＿＿＿日

（五）项目分项投资估算表

序号	项目编号	项目名称	工程量	造价（人民币：万元）
		合计		

注：对所提供的设计方案，依据设计中涉及的计价项目和国家、地方有关计价标准、规定填写本表，并作为其投标报价的依据。

投标人：＿＿＿＿＿＿＿＿＿（单位全称、盖章）＿＿＿＿＿＿＿＿＿

投标人代表：＿＿＿＿＿＿＿＿＿＿＿＿（签章）＿＿＿＿＿＿＿＿＿

日期：＿＿＿＿年＿＿＿＿月＿＿＿＿日

（六）设计项目招标评分表（技术部分）

项目名称：　　　　　　　　　　日期：　　　年　　月　　日

序号	项目	分值	标准及依据	得分 A1	
1	规划设计指标	20	符合规划要求和标书提出的指标要求		
2	总平面布局	25	布局合理，与周边环境协调，能满足交通流线、开口及消防间距要求，满足日照间距要求，环境设计及艺术处理美观新颖		
3	单体平面设计	20	平面布置合理，功能要求完善，室内空间设计富有创意		
4	建筑造型	20	造型有创意、空间处理及色彩能体现时代特色		
5	专项设计	15	消防、人防、环保、节能符合国家及××市规范要求		
6	累计得分				

评委签字：

项目（招标）编号：×××××××××××××××

×××××大学图书信息楼及地下停车场

设计招标

投标申请书[①]

投标申请人：××××建筑设计院

法定代表人：××

日期：2006 年 1 月 15 日

---

① 编者注：《投标申请书》系在购买招标文件后数日内递交，供招标方审核投标资质。

投标申请函

致××××大学：

1. 根据贵方为 <u>××××大学图书信息楼及地下停车场</u> 项目设计招标发出的招标公告(项目/招标编号) <u>× × × × × × × × × × × × × × × × ×</u> ，授权代表 <u>× ×副院长</u> 经授权并代表申请人 <u>× × × ×建筑设计院 （地址：× ×市× ×区× ×</u> <u>× ×）</u>

愿意按照资格预审文件有关规定提出 <u>××××大学图书信息楼及地下停车场</u> 项目设计招标的投标申请。

2. 我方已详细了解全部资格预审文件，并接受资格预审文件对此次申请的全部要求和规定。

3. 本申请书包括以下内容：

(1) 投标申请函；

(2) 投标申请人法定代表人出具的授权委托书和授权代表身份证明复印件；

(3) 投标申请人基本情况表；

(4) 投标申请人已完成项目情况表；

(5) 投标申请人目前承担项目情况表；

(6) 拟投入本项目设计人员汇总表；

(7) 拟投入本项目主要设计人员简历表；

(8) 资格证明文件。

4. 我方提交的声明和资料是完整的、真实的和准确的。

5. 我方承诺在提交申请日后的<u>50</u>个日历天内不改变申请内容。本申请书将作为招标人与我方之间具有法律约束力的文件。

6. 我方同意按照贵方可能的要求，提供与申请有关的一切数据和资料。

与本申请有关的一切往来通信请寄：

地址：××市××区××××

邮编：×××××× 联系人：×× 手机：××××××××××

电话：×××××××× 传真：××××××××

投标申请人：××××建筑设计院

法定代表人或授权代表：××

日期：<u>2006</u> 年<u>1</u>月<u>15</u> 日

授权委托书

致×××大学：

  本授权书宣告，在下面签字的×××建筑设计院院长××以法定代表人身份代表本单位（以下简称"投标人"）授权：××为本单位的合法授权代表，授权其在××××大学图书信息楼及地下停车场的设计招标活动中（项目/招标编号：××××××××××××××××××），以本单位的名义，并代表本人与你们进行磋商、签署文件和处理一切与此事有关的事务。授权代表的一切行为均代表本单位，与本人的行为具有同等法律效力。本单位将承担授权代表行为的全部法律责任和后果。

  本委托书期限自2006 年1 月15 日起至2006 年2 月20 日止。

  授权代表无权转让委托权，特此委托。

    投标申请人：××××建筑设计院

    法定代表人姓名：×× ；职务：院长

    授权代表姓名：×× ；职务：副院长

    日期：2006 年1 月15 日

投标申请人基本情况表

（略）

近三年类似项目的设计业绩

（略）

正在进行设计的项目一览表

（略）

拟投入本项目设计人员汇总表

（略）

拟投入的主要设计人员简历表

（略）

项目（招标）编号：××××××××××××××××

××××大学图书信息楼及地下停车场

建筑方案设计招标

投标文件：商务部分^①
（略）

投标人：××××建筑设计院

法定代表人：××

日期：2006 年 2 月 19 日

---

① 编者注：受篇幅所限，本示例中略去《投标文件：商务部分》，其编写完全按照《招标文件》中的《四、商务部分》所提供的格式即可。

项目（招标）编号：×××××××××××××××××

××××大学图书信息楼及地下停车场

建筑方案设计招标

投标文件：技术部分[①]

投标人：××××建筑设计院

法定代表人：××

日期：2006 年2 月19 日

---

① 编者注：受篇幅所限，《投标文件：技术部分》的图纸系抽取主要图纸，非全套。

××××大学图书信息楼及地下停车场方案设计说明
（二零零六年二月）

第一章　设计依据

一、××××大学图书信息楼及地下停车场设计招标文件

二、规划意见书

三、现行国家及××市的有关规范标准和方案设计深度的要求

第二章　设计指导思想和设计理念

一、设计指导思想

1. 以人为本，以学生和教师的行为特点为中心，以图书阅览活动为中心，创造优质的学习环境。

2. 建造经济、维护经济、使用经济三者统一，使有限的面积充分发挥作用，尽力提高各项空间及设施的使用率。

3. 空间及设施标准适当超前，考虑智能化设计，满足现今及以后的发展要求。体现可持续发展方面有关技术要求。

二、设计理念

1. 图书信息楼设计应创造出实用、合理、美观的单体。地下停车场应注重实用、合理、安全。两者的总体布局应符合校园总体规划。

2. 图书信息楼是××××大学C区的主要建筑之一，其体积和造型应有一定的震撼力，其选用材料应朴实无华而注重内在品质，应是一座"学术殿堂"，拒绝奢华时髦，追求历久弥新，给本校师生带来隽永的自豪感。

3. 图书信息楼的内部功能组织应与外部环境的空间、轴线、景观协调一致，和北面在建的综合教学楼之间形成一个完整的中心广场，这也是整个校区的前区广场。在中心广场下设置地下停车场。这与校园总体规划相符合。

4. 紧扣图书藏阅的功能主题，主要使用空间和辅助空间划分明确，主要使用空间形成利于灵活划分的功能模块，即满足当前功能使用要求，也为今后的功能改进留有余地。

5. 坚持形式与功能合理、和谐一致的现代设计思想。

第三章　总平面设计

一、总平面交通组织

图书信息楼位于××××大学C区的西南侧，南临××路，西邻学校运动场。

总平面设计考虑到校内主要人流来自东北侧、西北侧，外来人员主要来自用地西南侧，而根据校园总体规划，校内、外主要人流都利用图书信息楼北侧的中心广场进行集散，因此将图书信息楼的人流主要出入口设于北侧，同时也在南侧设出入口，便于人流集散，也便于分别管理。

在图书信息楼的东西侧设辅助出入口，车辆环绕建筑将其他人员和设备直接送达相应的辅助出入口，使各项交通互不干扰，也方便人员疏散。

二、总平面绿化和停车

图书信息楼建筑平面紧凑，以保留一定的绿化面积及自行车停车面积。交通充分利用规划道路，以便增大绿化用地。

在总平面设计中，在图书信息楼北侧的中心广场下设地下停车场，同时注重地下停车场的覆土深度，保证中心广场形成符合绿化要求的优美景观。本方案初步考虑了与以上内容的地下连接。

三、体量组织

作为校内主要建筑物，其体量组织非常重要，是造型细部处理的基础。图书信息楼尊重校园总体规划的基本格局，特别是注重与北面在建的综合教学楼在校园空间轴线上的关系，适当合理地强调了建筑物的对称性和厚重感，图书藏阅部分形成完整有力的矩形体型，突出了图书信息楼在整个校园前端的标志性形象。在形体组织上比较接近校园总体规划，并尽可能少占地面用地。同时，图书信息楼主体在规划范围内合理紧缩并偏北也有利于防噪声设计。

第四章 建筑设计

一、建筑功能组织

图书信息楼：

本方案功能分区明确，地上主要形体为7层，为图书藏阅部分；辅助形体为4层，为综合部分；主要形体下设地下部分2层。

主要形体1层为图书采编、密集书库、办公及相应辅助房间。2层为主要层面，设检索大厅及总出纳台。3~7层为开架阅览区，充分利用合理的防火分区设置形成通用性很强的完整的大空间，也可以灵活分隔使用。7层之上设置电梯机房等辅助房间。地下1层为密集书库、设备用房及相应辅助房间，地下2层为五级人防。

辅助形体1层为电子阅览室、报告厅之会见厅和相应辅助房间，2层为主要层面，设一个800人报告厅，其高度相当于2~3层之和，4层设置100人会议室2个。

层高设计：主要形体地下2层为3.6m，地下1层为3.9m；地上1层为4.2m，2层为主要层面，特意加大层高为5m，形成一个完整、豁亮而节能的共享空间，地上 3~7 层为 4.2m。辅助形体与主要形体层高协调并结合功能调整。

室内外高差为 0.5m；建筑主体高度檐口距室外地面 31.9m，充分利用 32m 限高。

本方案所有主要使用房间，所有楼梯间和走廊均有自然采光和通风。

本方案考虑了图书信息楼地下 2 层与地下停车场层相连接。

各部分的功能指标符合招标文件的要求。

合理设置观赏休息平台，拓展读者休憩交流空间。

图书信息楼在主体定位、立面风格上都为进一步的防噪声设计奠定了基础。

地下停车场：

主要出入口的设置与校园规划相符，各部分的功能指标符合招标文件的要求。

图书信息楼与地下停车场的联系：

在建筑主体东西部各有一部电梯通达地下 2 层，并有通道与地下停车场相通。

二、建筑交通组织

图书信息楼：

首层平面东西南北设图书采编、工作人员、无障碍、贵宾、演职员等各类出入口。在首层设残疾人出入口，可乘电梯直达各主要使用层面。

主要形体与辅助形体各层之间联系方便，特别是 2 层作为主要层面，其室内室外联系均通畅便捷。读者通过南面和北面的两组大台阶能够直接上到 2 层检索大厅，进行借书、阅览、学术报告活动，同时可以乘电梯及楼梯到达 3~7 层阅览区。同时，通过北面大台阶、东面的室外楼梯均可到达 2 层大报告厅。检索大厅与大报告厅通过电梯厅前的休息厅及休息廊连接，联系便捷也便于管理。

建筑主体东西各设一组楼电梯，共四部电梯。其中西部有一部电梯为图书传送专用电梯，密切联系图书采编、密集书库、检索大厅及总出纳台、各图书开架阅览区。符合现代图书馆开架阅览管理所带来的大流量集中上下书架的要求。

地下停车场：

地下停车场流线组织合理紧凑，同时设有多处疏散出口，使得紧急情况下人员可迅速疏散到室外，室外疏散空间开阔。

三、建筑内部空间设计

本方案内部空间设计明快大方，二层检索大厅通透豁亮。3~7 层每层阅览区域完整的大空间，可以集中使用，也可以灵活分隔为若干面积和使用性质不同的普通阅览室、电子阅览室、研究室等。在各层图书出纳人员工作区域附近设工作人员专用卫生间。

本方案所有主要使用房间，所有楼梯间、消防前室和走廊均有自然采光和通风。

四、建筑造型及色彩设计

本方案图书信息楼主体 7 层，地处城市 X 环与××路交汇处，因此对城市景观有很大影响。在建筑细部处理手法上图书信息楼根据校园总体规划的基本要求，强调了建筑物的对称性和厚重感，同时强调图书信息楼所具有的文化特征，体现高等学校教学建筑的特点，并体现出强烈的时代感。

本方案对建筑的四个立面均做了仔细的推敲，利用凹凸及虚实对比等手法，自然形成简洁的体量对比与体块穿插，使整栋建筑重点突出、主次分明，从不同角度均有良好的视觉效果。通过窗框构架和窗台材质的设计，丰富细部处理，形成一个空间变化丰富、光影效果强烈的视觉效果。同时，窗框构架的风格特点也为进一步的防噪声设计奠定了造型基础。

在色彩处理上，本方案采用灰色面砖和无色中空玻璃为主色调，采用白色、深灰色面砖为垂直辅助色调，穿插深灰色门窗框栏杆、雨棚等亚光金属色调，形成一个淡雅庄重而隽永的色彩体系。这也与××××大学已初步形成的高等学校教学建筑的文化特征相吻合。

五、建筑环境设计

招标文件对整个校园的空间组织，特别是新校区（C 区）的空间组织提出了切实可行的基本框架。本方案在此基础上，注重与环境融为一体。

在与 B 区体育场地的联系上，本方案按照校园总体规划设计了东西贯通的高架大敞廊相连接，注重风格协调统一，在形体上与图书信息楼分开，便于分别施工和使用。

六、建筑结构及其他相关专业设计

结构：钢筋混凝土结构，本方案柱网规整，受力明确。有利于保证工程质量、降低工程造价、缩短工期。给水：采用自来水。弱电：包括综合布线系统、图象语音接收传送系统、闭路电视系统、中央监控与管理系统、数据采集系统。监控：主要为设备监控、防火监控及保安监控。照明：包括各主要使用空间和辅助空间照明、事故照明及图书信息楼外观效果照明。

建筑最大限度利用自然通风，使得热空气自然从阅览室排出，确保非空调期间室内空气清新，减少建筑的能耗和日常运行管理费用。

七、建筑防火与疏散设计

本建筑的防火与疏散符合国家现行规范。

室外消防通道、消防系统、消防设备及其布置按国家现行规范执行。

本方案设有多处疏散出口，疏散出口门采用自动外开门闩，使得紧急情况下读者和工作人员可迅速疏散到室外，室外疏散空间开阔。建筑各层均设有足够出口和设置合理的疏散宽度。图书信息楼与地下停车场的联系通道采取防火等措施。

第五章　主要技术经济指标

主要指标：

该项目主要用途为图书阅览及学术交流和地下停车用房。图书信息楼地上主体7层、地下2层。该项目为1类建筑，耐火等级为1级，抗震设防烈度为8度。建筑为钢筋混凝土结构。

图书信息楼地下2层为人防，等级5级。地下停车场2层，人防等级6级。

图书信息楼：

规划建设用地面积：11500m²，总建筑面积：19797m²，地上部分建筑面积：15173m²，地下部分建筑面积：4624m²，主体建筑高度：31.9m 建筑基底面积：3435m²，容积率：1.32，建筑密度：0.30 绿地面积：5176m²，绿地率：45%。

地下停车场：

规划建设用地（地下）面积：6600m²，总建筑面积：11520m²，停车292辆。

图书信息楼及地下停车场总建筑面积：31317m²。

图书信息楼及地下停车场总用地面积：18100m²（含地下6600m²）。

机动车停车位按规范和交通部门的要求设计。

主要使用功能分布符合招标文件要求。

第六章　围护及装修

建筑围护结构主要为复合保温墙面，东、南、西外墙开窗部分设遮阳遮声板，以减轻西晒和噪声对建筑的不利影响，提高建筑的舒适性，降低建筑能耗。装修材料选用以适用、耐久、经济、有利于健康、有利于维护为标准，不求高档；建筑构造措施应可靠、有利于安全、便于施工。

外装修：

1. 道路：混凝土整体路面；

2. 建筑外铺地：室外缸砖地面、广场砖；

3. 外墙面：面砖饰面、铝合金饰面、仿真石漆；

4. 柱面：铝合金扣板；

5. 入口室外楼梯、坡道：花岗岩，不锈钢栏杆扶手；

6. 散水：混凝土散水；

7. 花池：花岗石贴面；

8. 雨篷：钢骨架、玻璃、铝合金扣板；

9. 勒脚：花岗石；

10. 外门窗采用中空玻璃深灰色铝合金门窗；

11. 停车场地面：水泥地面。

内装修：

1. 首层北、南入口及门厅：花岗石地面、墙面，铝塑板吊顶；

2. 首层电梯厅：花岗石地面，石材墙面，铝塑板吊顶；

3. 首层卫生间：防滑地砖地面、瓷砖墙面，做无障碍设计；

4. 走廊：铺地砖楼面，耐擦洗内墙涂料，轻钢龙骨石膏板吊顶；

5. 其他层走廊：铺地砖楼面，耐擦洗内墙涂料，耐擦洗涂料顶棚；

6. 其他层卫生间：防滑地砖地面、瓷砖墙面，做无障碍设计；

7. 地下设备用房：水泥地面，耐擦洗内墙涂料，耐擦洗涂料顶棚；

8. 地下人防用房：水泥地面，耐擦洗内墙涂料，耐擦洗涂料顶棚；

9. 无说明房间均采用水泥地面，耐擦洗内墙涂料，耐擦洗涂料顶棚。

×××大学图书信息中心设计方案

×××大学图书信息中心设计方案

设计说明

一、方案设计的主要依据：

1. ×××大学东南校区科研用房及附属用房（含大院总体规划）（2004年4月2日申报）
2. 《×××大学征集图书信息中心设计方案说明》
3. ×××大学新征地形图（××市测绘研究院1996年5月测绘地形图Ⅳ-3-2-（7）、Ⅳ-3-2-（8））
4. 《普通高等学校建筑规划面积指标》（建标[1992]245号）
5. ×××大学校园总体规划（2003～2015年）
6. 国家相关建筑设计通则、规范

二、工程概况：

本工程拟建于×××大学校园新征地西南角，主要由图书馆和报告厅两部分组成。

三、建筑设计理念：

本方案设计为学校图书开架管理创造条件。平面布局是以各学科藏阅为单元进行设计。

结构采用"三同"，即：同柱网、钢筋混凝土框架结构，柱网尺寸为6000mm×6000mm，局部开间为9000mm；同层高，4.2m；同荷载，600kg/m²。这样藏阅没有界限，相互渗透，使用灵活多变。

四、平面功能组织：

该方案平面呈矩形，中央为中心交通厅，以此为中心联络各层房间。平面功能按垂直分区，设在首层平面主要空间有：基本藏书、出纳、编目办公区及设者流动性大的报刊阅览室、有代表性古书珍品库、800人报告厅和小型会议室等。而大量的学生阅览、少量的教师阅览至均设在二层以上。内部空间处理，中央大厅内部设有多层走马廊，不但丰富了大厅空间，又使读者对图书空间一目了然。在三层设置的两翼共享空间，既有利于采光并使室内部空间丰富多彩。

五、立面造型设计：

简洁的立面造型，采用银灰色墙面，牙白色大型塑钢窗和高大的入口大门，表现出文化建筑的朴实性、公共性，并且具有强烈的时代感。

六、主要经济技术指标：

规划建设用地面积：9145m²

总建筑面积：19795m²　其中：地上15175m²；地下4602m²

地下二层建筑面积：2320m²

地下一层建筑面积：2320m²

首层建筑面积：3379m²

二层建筑面积：2972m²

三层建筑面积：3290m²

四层建筑面积：2622m²

五层建筑面积：2622m²

屋顶层建筑面积：290m²

容积率：1.66

建筑基底面积：3379m²

建筑密度：37%

绿地率：36%

总建筑高度：23.7m

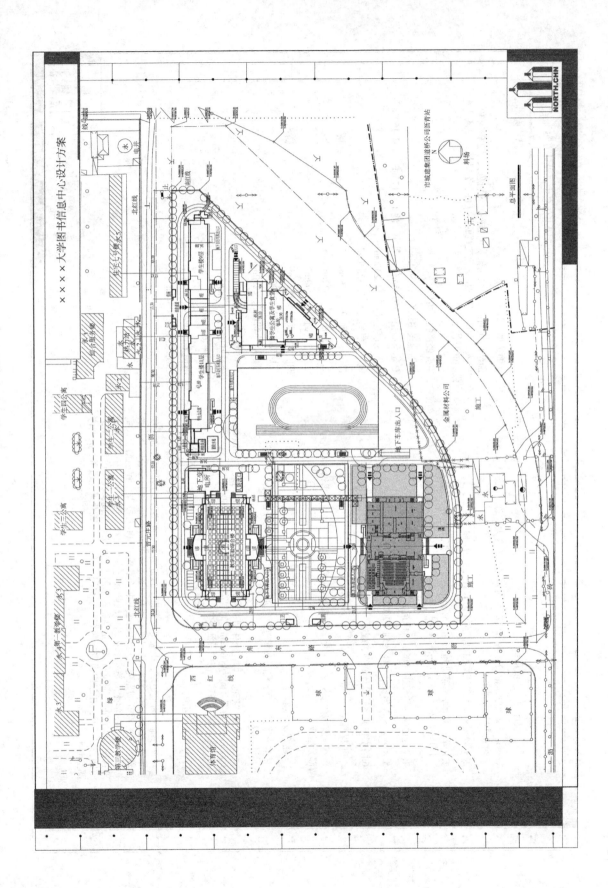

×××大学图书信息中心设计方案

总平面图

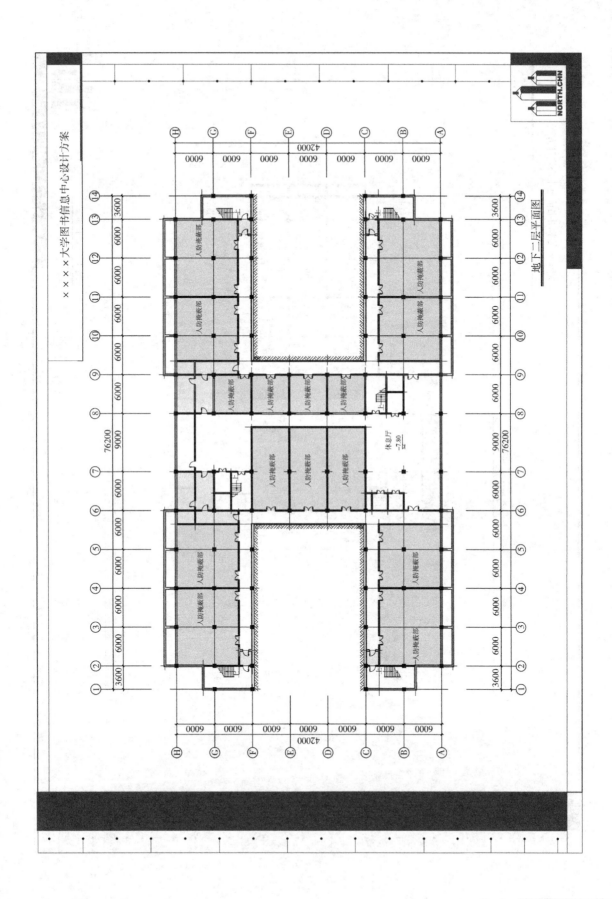

××××大学图书信息中心设计方案

地下二层平面图

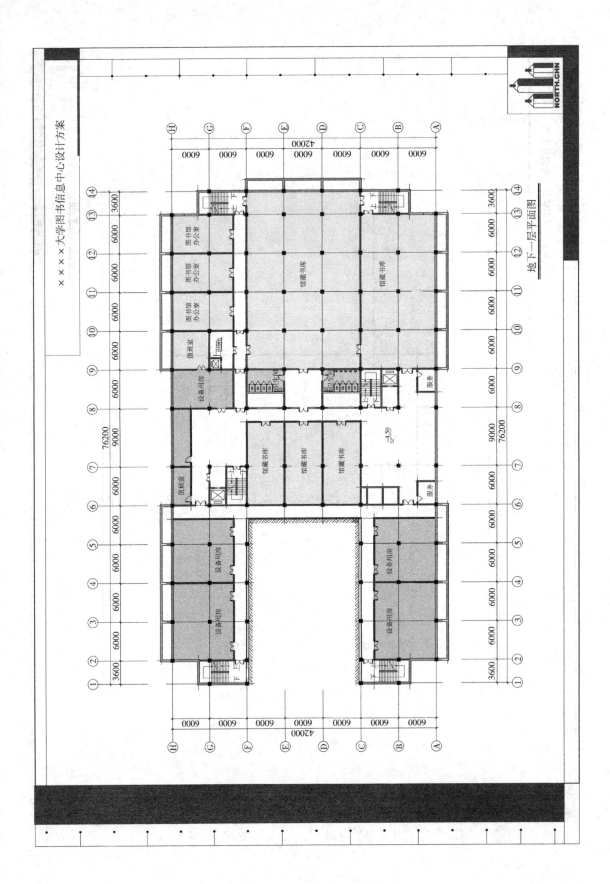

×××大学图书信息中心设计方案

地下一层平面图

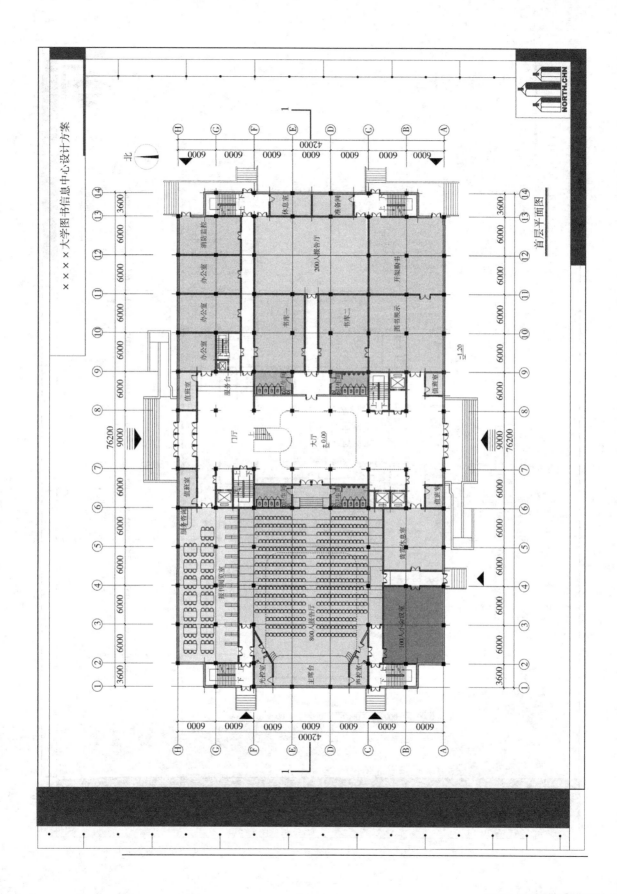

××××大学图书信息中心设计方案

首层平面图

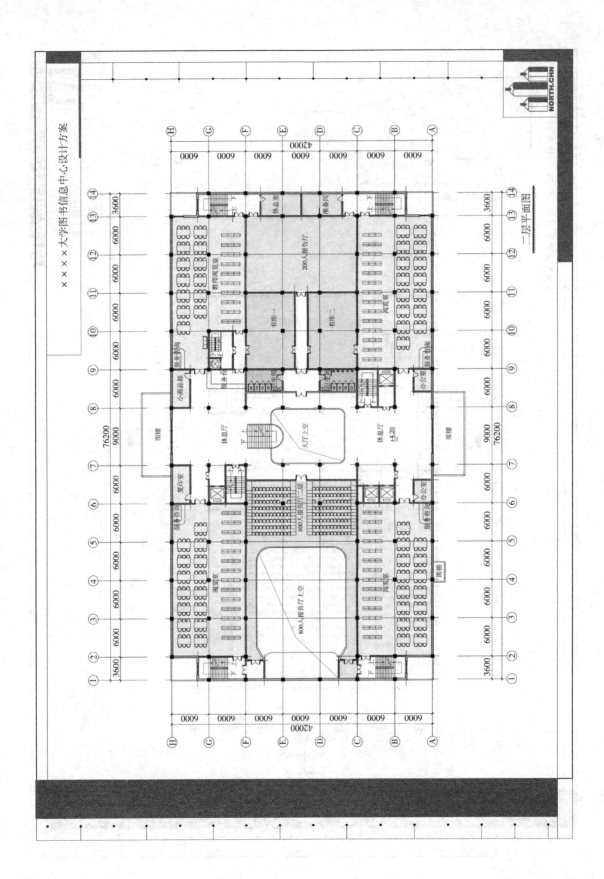

×××大学图书信息中心设计方案

二层平面图

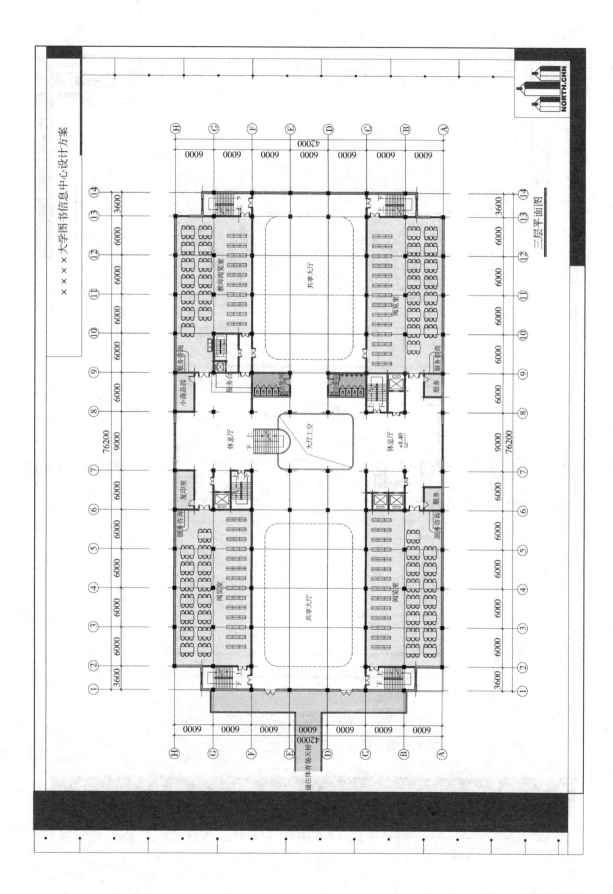

×××大学图书信息中心设计方案

三层平面图

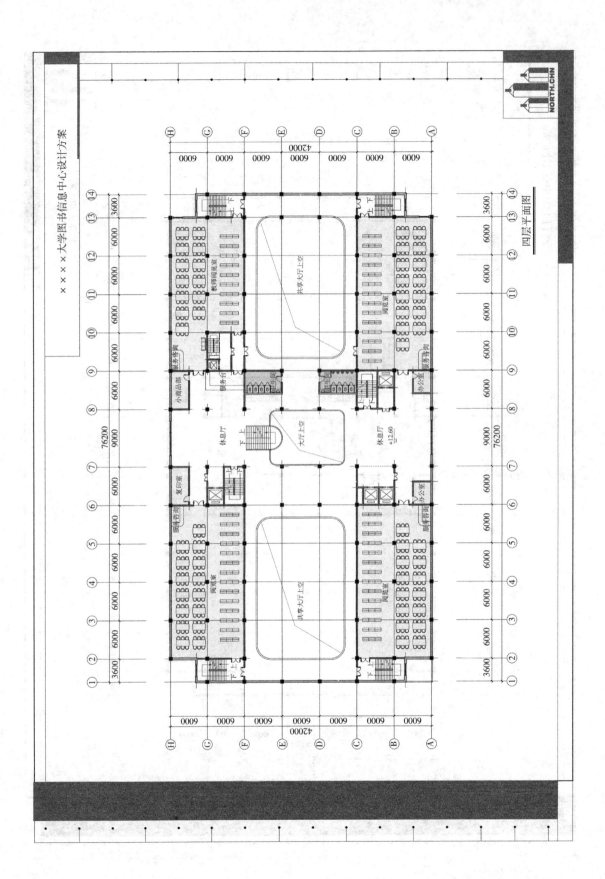

×××大学图书信息中心设计方案

四层平面图

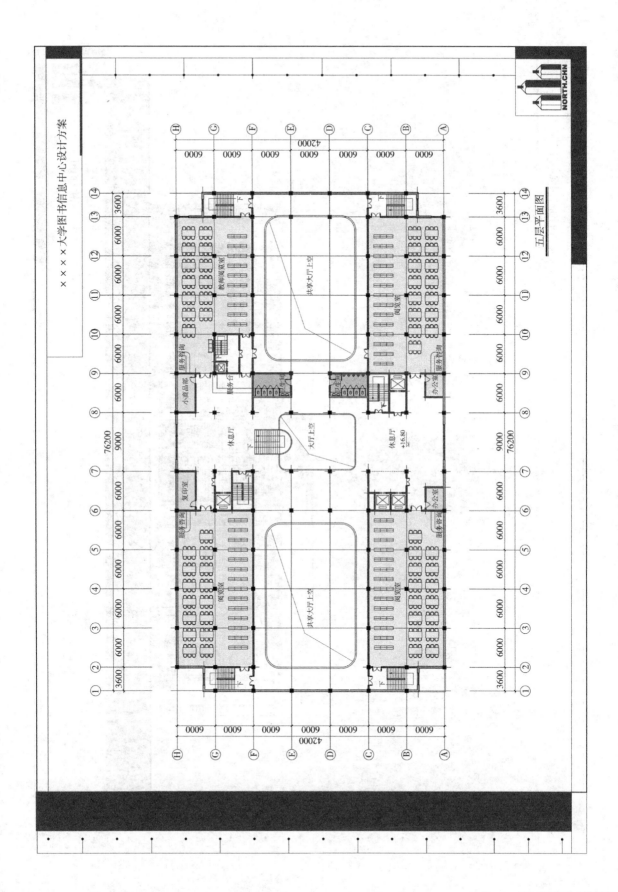

×××大学图书信息中心设计方案

五层平面图

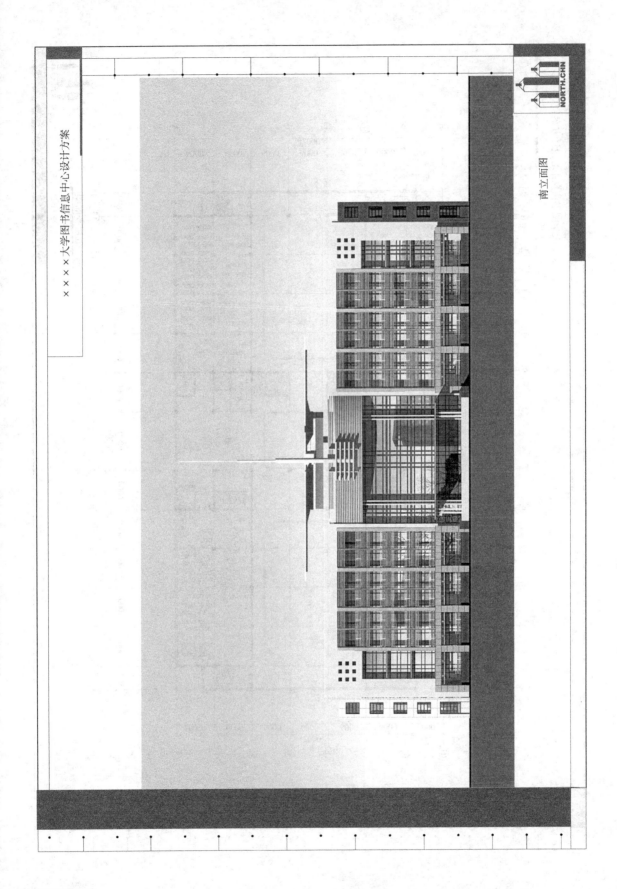

××××大学图书信息中心设计方案

南立面图

NORTH.CHN

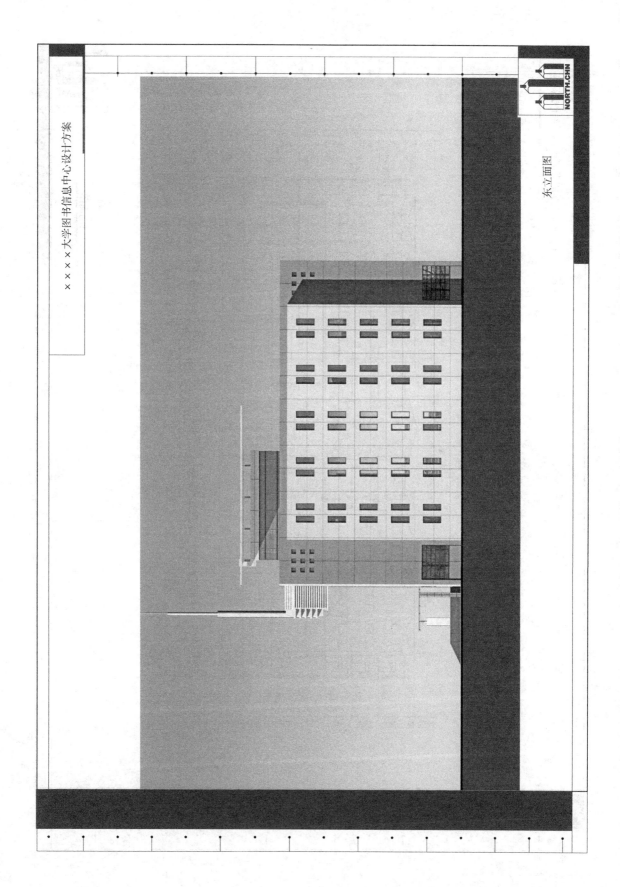

××× 大学图书信息中心设计方案

东立面图

NORTH.CHN

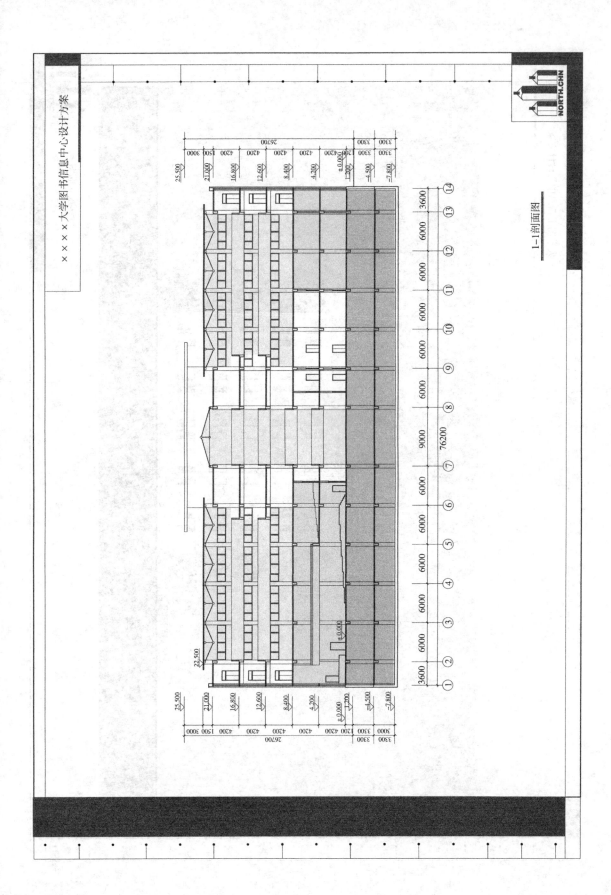

1-1剖面图

×××大学图书信息中心设计方案

NORTH.CHN

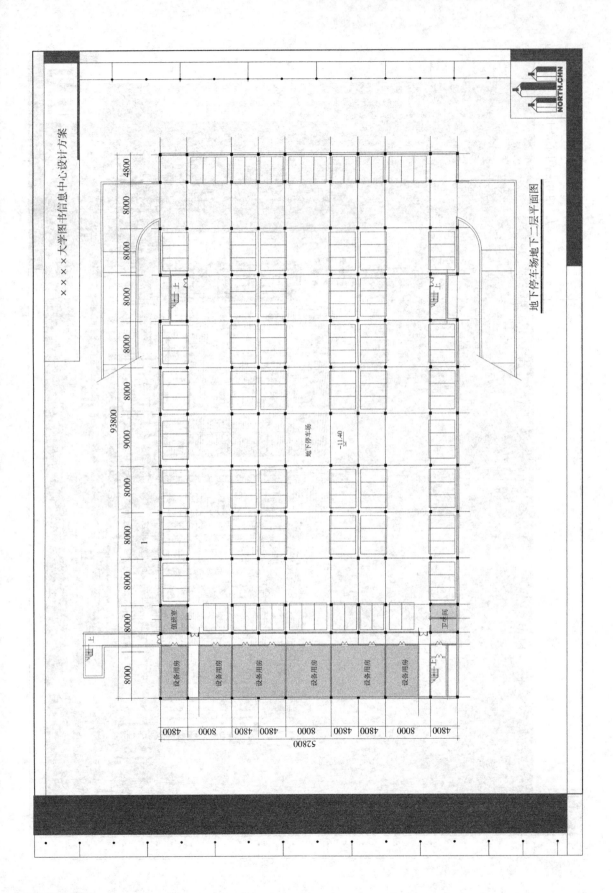

××× 大学图书信息中心设计方案

地下停车场地下二层平面图

地下停车场
-11.40

设备用房 设备用房 设备用房 设备用房 设备用房 设备用房

值班室

卫生间

上

上

上

上

93800
4800 8000 8000 8000 8000 8000 9000 8000 8000 8000 8000

52800
4800 8000 4800 4800 8000 4800 4800 8000 4800

1

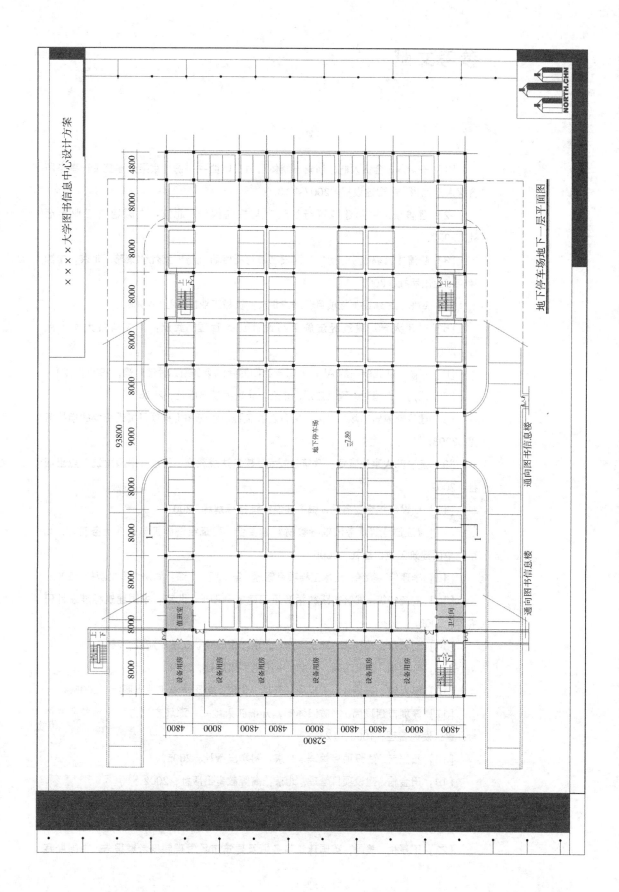

××× 大学图书信息中心设计方案

地下停车场地下一层平面图

参考文献

[1] 安治永. 合伙人制，演奏出集体合力交响曲——访北京梁开建筑设计事务所合伙人王涌彬. 中国建设报, 2007-4-13.

[2] 曹善琪. 民用建筑可行性研究与快速报价. 北京：中国建筑工业出版社, 2002.

[3] 陈溥才, 郭镇宁. 房地产开发项目可行性研究与方案优化策略. 北京：中国建筑工业出版社, 2005.

[4] 苟伯让. 建设工程项目管理. 北京：机械工业出版社, 2005.

[5] 广州大学. 建筑经济施工与设计业务管理. 武汉：华中科技大学出版社, 2007.

[6] 何融. 从我所在的 ADP 公司看美国的建筑事务所. 时代建筑, 1993, (2).

[7] 胡向真, 肖铭. 建设法规. 北京：北京大学出版社, 2006.

[8] 建设部建筑市场司. 关于培育发展工程总承包和工程项目管理企业的指导意见. 2003.

[9] 建设部人事教育司、政策法规司. 建筑法规教程. 北京：中国建筑工业出版社, 2002.

[10] 建设部综合财务司. 城市建设统计指标解释. 2001.

[11]《注册建筑师考试辅导教材》编委会. 建筑经济施工与设计业务管理. 北京：中国建筑工业出版社, 2005.

[12] 李建伟, 徐伟. 土木工程项目管理. 第二版. 上海：同济大学出版社, 2002.

[13] 刘茂华等. 建筑实践教学及见习建筑师图册. 北京：中国建筑标准设计研究院, 2005.

[14] 刘云月, 马纯杰. 建筑经济. 北京：中国建筑工业出版社, 2005.

[15] 李勇福. 建设法规. 北京：中国电力出版社, 2006.

[16] 彭尚银, 王继才. 工程项目管理. 北京：中国建筑工业出版社, 2005.

[17] 深圳市建设局. 冲破旧体制, 开辟新天地——深圳市试办建筑事务所的体会. 建筑设计管理, 1995, (2).

[18] 石振武. 建设项目管理. 北京：科学出版社, 2005.

[19] 田金信. 建设项目管理. 北京：高等教育出版社, 2002.

[20] 王洪, 陈健. 建设项目管理. 北京：机械工业出版社, 2006.

[21] 王延树. 建筑工程项目管理. 北京：中国建筑工业出版社, 2007.

[22] 王早生. 美国、英国建筑事务所及建筑市场管理制度考察报告. 中国勘察

设计, 2005, (4).

[23] 王早生. 美国、英国建筑师事务所及建筑市场. 中国建设报, 2005-05-12.

[24] 卫更太. 欧美的小规模建筑设计事务所. 中国勘察设计, 2006, (4).

[25] 魏明. 中国职业建筑师制度及其现状分析. 安徽建筑工业学院学报（自然科学版）, 2005, (4).

[26] 吴松涛. 规划建筑法规基础. 哈尔滨：哈尔滨工业大学出版社, 2004.

[27] 闫军印. 建设项目评估. 北京：机械工业出版社, 2005.

[28] 杨熹微. 为中国而设计——十家日本建筑事务所访谈. 时代建筑, 2005 (1).

[29] 中国建筑执业网. 建筑经济施工与设计业务管理. 北京：中国建筑工业出版社, 2005.

[30] 中国建筑执业网. 设计前期与场地设计. 北京：中国建筑工业出版社, 2007.

[31] 中华人民共和国建设部. 建筑工程设计文件编制深度规定. 2003.

[32] 中华人民共和国建设部建筑市场司官方网站/考察调研. 建设部建筑市场司赴澳大利亚、新西兰注册执业制度考察报告. http://scs.cin.gov.cn.

[33] 朱红亮. 建设法规. 武汉：武汉工业大学出版社, 2000.

[34] 清华大学建筑学院, TPS 建筑工程设计及技术亚洲有限公司. 香港建筑事务所的管理和工作方法. 世界建筑, 1997, (3).